참탐구를 위한 천체 관측 활동

(초·중·고등학교 과학교육과정을 중심으로)

최승언, 권지연, 하윤희, 곽제연, 김종욱
김용진, 윤병일, 조은진, 최윤성, 가석현

교육과학사

본 서적은 2016년 정부지원(교육부 BK21 플러스 사업비)으로 한국연구재단의 지원을 받아 집필되었음(21B20151713505)

머리말

이 책은 초등학교부터 고등학교에 이르기까지 과학교육과정에서 다루고 있는 천문 교육을 더욱 풍성히 하고자 과학교육과정의 수준에 알맞은 천체 관측을 소개하려고 노력하였다. 그러기에 모든 천체 관측은 맨눈과 소형망원경, 디지털카메라, 스마트폰카메라 등을 도구로 하고 있다.

교과서에 제시되고 있는 천문 실험 활동의 대부분이 천문 교육 전문가들에 의해 잘 정리되어 만들어진 관측 자료들을 이용하고, 간단한 수학적인 분석 및 계산을 통하여 관측 자료가 보여주는 천문 현상을 이해하고 설명하는 탐구 활동으로 이루어져 있다. 물론 천문 관측 자료와 수학적인 계산을 이용하여 표와 그래프를 만들어 결과를 얻고, 천문 현상과 관련된 문제를 해결하는 것도 매우 중요한 탐구 활동이다. 그러나 우리는 그동안 천문 현상을 관측하여 관측 자료를 얻는 '과정에 대한 과학'을 매우 등한시해온 것도 사실이다. 따라서 이 책은 간단하지만 학생들의 관측을 바탕으로 한 자료를 이용해 천문 현상을 이해하고, 설명하는 참탐구(Authentic Inquiry) 활동을 학습하기 위해 준비된 것이다.

우리나라 과학교과서에는 우리나라의 천문 관측 역사와 관련된 탐구 활동 몇 가지가 있다. 우리나라의 천문 관측의 역사에서 빼놓을 수 없는 천상열차분야지도와 같은 천문도, 앙부일구와 같은 해시계, 혼천의 및 간의대와 같은 천문 관측 시설, 칠정산내외편과 같은 천문서적 및 역서 등도 다루어지는 것이 마땅하다. 그러나 우리는 서양에서 이루어져 왔던 천체 관측의 역사를 짤막하게 조망하고 육안관측과 소형망원경 관측을 다루게 된다. 왜냐하면 우리나라의 과학교육과정에서 다루는 천문과 관련된 과학교육이 서양의 천체 관측의 역사와 맥을 같이하기 때문이다. 그리고 천체 관측을 통한 관측 교육을 하기에 편리하고, 간단해서 학생들이 쉽게 접근할 수 있기 때문이다. 천체 관측은 낮보다는 밤에 이루어지기에 학교 교육의 연장으로 이루어져야 하는 불편함이 있다. 그러나 우주를 더 잘 이해하고자 한다면 이러한 수고와 노력을 얼마든지 들일 수 있다. 더구나 이 책의 천문 관측들은 현장의 초, 중, 고등학교 교사들과 천문 과학교육을 전공하는 대학원생들의 준비와 노고와 함께 만들어졌다. 그러기에 교실 현장과 가까울 것으로 생각된다. 이 책을 이용하여 그동안 소홀히 다루었던 과학교육의 일부분이 채워졌으면 한다.

2018년 8월 12일

대표저자 최승언

차례

Contents

도시에 어둠이 내리기 시작하면 머리 위로 밝은 별부터 하나둘 빛을 밝히기 시작한다. 현대의 천문학이 뛰어난 과학 기술의 총아로 만들어진 관측 장비를 바탕으로 하고 있기에 우리의 두 눈으로 바라보는 천체들은 어찌 보면 한낱 감성적인 대상으로 여겨질 수도 있다. 그러나 갈릴레오 갈릴레이(Galileo Galilei, 1564~1642)가 직접 제작한 조악한 망원경으로 '토성의 귀'를 관측하던 16세기 전까지만 해도 인간의 두 눈은 해, 달, 행성 그리고 수많은 별들의 움직임을 관측할 수 있는 가장 위대한, 또한 유일한 관측 장비였다. 원시 인류인 크로마뇽인은 이미 3만 년 전에 달의 위상을 뼈 조각에 새겨 넣었었다(민영기 외, 1993).[1] 땅에서 일어나는 사건과 현상을 연구하는 지문학(地文學)과 인간의 공간에서 발생하는 사건과 현상을 연구하는 인문학(人文學)과 함께 우주에서 일어나는 사건이나 현상을 연구하는 천문학(天文學)은(최승언, 2008)[2] 그야말로 인류의 시작과 함께한 학문이라 할 만하다.

고대인들에게 천문 현상은 신의 상징과도 같았으며, 한편으로 농사를 위한 달력의 역할을 하였다. 우리가 쓰고 있는 현대의 별자리는 고대 그리스로부터 기원하지만, 이들의 대부분은 고대 수메르와 바빌로니아의 영토였던 중동의 메소포타미아 지역으로부터 시작된다. 수메르인들은 기원전 3000년경부터 도시와 상형문자를 가지는 대문명을 이룩했었다. 이 시기 수메르인들은 도자기와 조각품 등에 별들로 장식된 사자, 황소, 전갈자리 등을 표현했는데, 이는 황도 12궁의 초기 모습으로 이해된다(Rogers, 1998).[3] 이후 기원전 1100년 이후, 별자리를 묘사하는 다양한 점토판이 만들어지는데 그중 물.아핀(MUL.APIN)은 기원전 1300~1000년 사이의 메소포타미아 북부의 아시리아 지역(위도 33~36도)에서의 관측에 기반한 것으로 주요 행성 및 별들의 목록과 움직임이 기록되어 있다(Schaefer, 2006)[4]. 기원전 750년경부터 바빌로니아인들은 천문 현상을 시기순으로 측정하여 기록하기 시작했다. 그들은 황도 12궁과 그 근처의 31개의 별에 대한 행성들의 상대적인 운동을 도, 분, 초 단위로 관측하였다.

1) 민영기, 우종욱, 윤홍식 (1993). 교양천문학, 서울: 형설출판사.
2) 최승언 (2008). 우주의 메시지, 서울: 시그마프레스.
3) Rogers, J. H. (1998). Origins of the ancient constellations: I. The Mesopotamian traditions. *Journal of the British Astronomical Association, 108*, 9-28.
4) Schaefer, B. E. (2006). The origin of the Greek constellations. *Scientific American, 295*(5), 96-101.

메소포타미아의 천문 지식은 고대 그리스로 전해졌다. 그리스의 천문학자인 히파르코스(Hipparchus of Nicaea, 기원전 190~120?)의 코멘터리(commentary, 기원전 147년)에 의하면 아라토스(Aratos)의 시 파이노메나(Phaenomena, 기원전 275년)는 그 내용의 대부분을 에우독소스(Eudoxus of Cnidus, 기원전 390~337?)의 시에서 가지고 왔다. 에우독소스의 파이노메나는 기원전 366년에 쓰여졌는데, 이것은 고대 그리스의 하늘을 묘사하고 있는 최초의 책이다. 그러나 엄격히 말하면 이는 그리스의 하늘이 아닌 기원전 1100년경의 메소포타미아의 하늘이다(Schaefer, 2006). 즉 메소포타미아의 별자리가 고대 그리스로 전수되었음을 보여주는 자료가 되는 것이다. 이후 기원전 2세기경 히파르코스는 에우독소스가 기술한 별과 그리스의 하늘을 비교하며 그 차이를 수정하기 시작하였으며, 신성의 발견(기원전 135년)은 그가 별의 목록을 다시 정리하게 하는 계기를 만들어 주었다.

기원후 2세기 중반에 접어들면서 프톨레마이오스(Claudius Ptolemaeus, 100~170)는 히파르코스의 업적과 자신의 연구를 종합하여 당시의 천문학 지식을 집대성한 『알마게스트(Almagest)』를 편찬하게 되었다. 이것은 태양계 모형, 행성, 태양, 달의 운동, 새로운 별 목록까지 망라하는 작업이었다. 현대에 들어 1922년 국제천문연맹(IAU)은 공식적으로 88개의 별자리 목록을 수립했는데, 그중 많은 부분은 『알마게스트』의 별자리 목록에 기초를 하고 있다.

프톨레마이오스의 작업은 그때까지 관측된 행성의 자료를 바탕으로 그리스의 전통에 따른 우주의 모형을 집대성했다는 데 의의가 크다. 그의 우주 모형은 고정된 지구를 중심으로 달, 수성, 금성, 태양, 화성, 목성, 토성이 공전하는 큰 원을 따라가며 회전하고 있는 주전원(epicycles)을 두었다. 특히 주전원은 행성들의 위상 변화와 역행운동을 설명하고자 도입되었다. 그의 모형은 천체의 겉보기 운동을 잘 설명할 수 있었던 까닭에 코페르니쿠스(Nicolaus Copernicus, 1473~1543)의 저서 『천구의 회전에 관하여(De Revolutionibus, Orbium Coelestium)』가 등장하기까지 사실상 절대적인 지위를 유지할 수 있었다.

코페르니쿠스는 지구도 하나의 행성으로 결론 내리고 태양을 중심으로 행성들이 공전하는 태양계 모형을 만들어냈다. 그러나 그 역시 행성의 공전궤도를 완벽한 원으로 생각하였기 때문에 관측 결과는 그의 모형과 완벽히 일치하지 않았다. 결국 그 역시 프톨레마이오스의 주전원을 도입할 수밖에 없었다. 코페르니쿠스 사후 3년

이 되는 해에 덴마크의 귀족 가문에서 티코 브라헤(Tycho Brahe, 1546~1601)가 태어났다. 그는 국왕 프레드릭 2세의 지원 하에 천문대를 설립하고 20여 년간 천체의 위치를 정밀하고 체계적으로 기록하였다. 그는 1572년 11월 카시오페이아자리 근처에 신성을 발견했으며, 1577년에는 혜성을 관측하여 기록하기도 하였다. 당시 사람들은 혜성이 지구 대기에서 일어나는 현상이라고 생각하였으나, 그는 혜성이 행성들을 가로질러 운동한다는 것을 밝혀냈다. 티코는 그간의 관측 자료를 체계적으로 정리하고 편찬하는 루돌프 표(Rudolpine tables)를 만드는 일에 케플러(Johannes Kepler, 1571~1630)를 조교로 임명하였다. 그러나 티코는 건강 악화로 죽음에 이르게 되고, 케플러는 그 자료를 이어받게 된다.

케플러는 훌륭한 수학적 재능과 정밀한 티코의 관측 자료를 바탕으로 행성의 움직임을 기술하는 세 개의 기본 법칙을 유도하였다. 티코는 특히 화성의 움직임에 대한 방대한 관측을 했었는데, 원 궤도로는 화성의 움직임을 설명할 수 없으며, 타원 궤도로 설명이 가능하다는 것을 깨달았다. 1609년 케플러는 10년간의 작업 끝에 타원궤도의 법칙(*태양 주위의 모든 행성은 태양을 그 한 초점으로 하는 타원궤도를 그린다*)과 면적속도 일정의 법칙(*행성과 태양을 연결하는 가상적인 선분이 같은 시간 동안 쓸고 지나가는 면적은 항상 같다*)을 발표하게 된다. 이후 케플러 제3법칙인 조화의 법칙이 나오기까지는 또 10년의 시간이 걸렸다. 그는 수많은 관측값의 바다 속에서 행성들의 궤도주기의 제곱과 행성에서 태양까지의 거리의 세제곱은 서로 비례함을 밝혀냈다.

지금까지 천문 관측의 역사에서 망원경의 자리는 없었다. 티코 브라헤도 사문의를 포함한 여러 정밀한 좌표 측정기를 사용했으나 망원경은 갈릴레오 시대에 가서야 네덜란드의 한 렌즈 제작자에 의해 고안되었다. 이후 갈릴레오는 약 3배에서 30배 정도의 확대율을 가지는 망원경을 스스로 제작하여 시선을 더 먼 우주로 돌릴 수 있었다. 갈릴레오는 이를 이용해 당시로서는 놀라운 발견들을 하게 된다. 우선 목성 주위에 4개의 위성이 돌고 있음을 발견하게 된다. 당시의 우주관은 모든 운동의 중심은 지구가 유일하다고 생각했는데, 목성 위성의 발견은 지구 중심 우주관의 핵심에 대한 공격이었다. 또한 금성의 위상과 크기 변화를 관측하였는데, 이 역시 프톨레마이오스의 체계로는 설명할 수 없는 것이었다. 그 외에 갈릴레오는 행성이 단지 한 점이 아닌 둥근 구 모양이라는 점, 달의 표면이 수많은 분화구로 덮여 있다는 점, 태양에 흑점이 존재한다는 점 등을 발견하였는데, 이는 코페르니쿠스의 태양 중심설이 정당함을 증명하는 근거가 되었다. 한편 그는 뉴턴 운동 법칙의 토대가 되는 속도, 가속도 및 관성의 개념을 확립하였다.

갈릴레이가 죽은 해에 영국에서 아이작 뉴턴(Isaac Newton, 1642~1727)이 태어났다. 뉴턴은 갈릴레이와 케플러 등에 의해 밝혀진 행성의 운동을 설명해주는 개념적 틀을 완성하였다. 그의 위대한 저서 『프린키피아』는 케플러가 티코의 관측 자료로부터 이끌어낸 경험 법칙을 뉴턴의 운동 법칙과 만유인력의 법칙으로 이론적으로 완벽히 증명하고 있다. 즉 행성이 직선을 따라 운동을 계속하려는 관성과 함께 태양의 중력이 고려되었을 때 케플러가 발견한 타원 궤도가 만들어짐을 보인 것이었다. 행성의 운동에 관한 뉴턴의 설명은 아인슈타인의 상대성 이론과 함께 현대 천문학의 근본적인 뼈대가 되고 있다.

천체 관측 활동을 시작하면서 우리는 이러한 관측의 역사를 어느 정도 뒤따르려고 한다. 처음에는 맨눈 관측을 시작하지만 뒤로 가면서 망원경을 이용한 관측, 그리고 망원경과 디지털 카메라를 이용한 관측으로 이어질 것이고, 학습자인 학생들은 자신들의 관측 활동으로 관측 자료를 얻고, 분석하고, 천문 현상을 설명하는 참탐구 활동을 하게 될 것으로 기대한다.

Chapter 1

맨눈 관측

1.1. 맨눈 관측의 기초

1.1.1. 천구와 지평 좌표계

최근 성도(星圖) 혹은 별자리판을 모바일 기기와 컴퓨터로 쉽게 확인할 수 있게 되면서 하늘의 다양한 별자리를 찾는 건 과거보다 쉬워졌다. 특히 'Sky map'이나 'Star walk' 등의 모바일 앱은 스마트폰을 들고 내가 보고자 하는 하늘을 가리키면 자동으로 해당 별자리를 띄워주기에 굉장히 유용하고 편리하다. 또한 '스텔라리움'과 같은 무료 컴퓨터 프로그램은 내가 관측 위치와 시각, 시상까지 자유롭게 조정하면서 별, 성단, 성운 등을 다양한 배율로 관찰할 수 있기에 그 유용성은 이루 말할 수 없을 정도이다. 그러나 쉽게 얻은 것은 쉽게 잃게 되는 것처럼, 모바일 앱이나 컴퓨터 프로그램에만 의존한 별자리 관측은 일회적인 기쁨을 느낄 수 있을지라도 실제로 천체의 운동을 이해하고, 내가 스스로 별자리를 관측하는 데에는 크게 유용하지 않다. 또한 '스텔라리움'으로 내가 찾고자 하는 별을 확인하였다고 하더라도, 해당 별의 좌표를 이해하지 못한다면, 그 프로그램이 별을 찾는 데 도움이 된다고 말하기 어렵다. 따라서 별자리를 익히고 내 스스로 관측하기 위해서는 우선 천체의 좌표에 대한 개념 이해가 선행되어야 한다. 이에 먼저 천구의 개념을 바탕으로 지평 좌표계에 대해 알아보자.

하늘에 있는 별까지의 거리는 매우 멀어서 지구가 태양을 돌고 있다고 하더라도 그 별은 하늘에 거의 고정되어 있는 것으로 보인다. 실제로 지구의 공전에 의한 움직임은 최대 2AU이며, 가장 가까운 별까지의 거리는 4광년이므로 지구의 움직임 때문에 생기는 각도의 변화는 1.6초에 불과하다. 따라서 우리는 밤하늘의 별들이 모두 둥근 구의 안쪽에 붙어 있는 것으로 생각할 수 있다. 이와 같이 천체의 위치와 운동을 나타내기 위하여 관측자를 중심으로 하는 반지름이 충분히 큰 가상적인 구면을 **천구 (celestial sphere)**라고 부른다. 이때 천구의 반경은 충분히 크기 때문에 지평선 위의 관측자는 천구의 중심에 위치해 있다고 할 수 있다.

센타우루스자리 α별(Alpha Centauri)의 시차

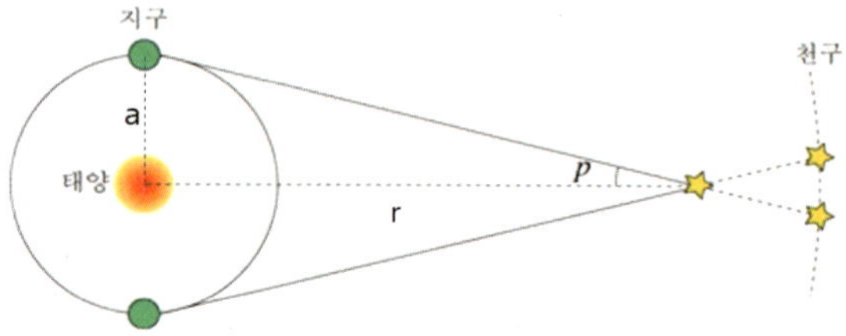

지구에서 가장 가까운 알파 센타우리의 시차를 구해보자. 태양으로부터 알파 센타우리까지의 거리를 r, 지구와 태양 사이의 거리를 a, 연주시차를 p로 놓는다. 이때 r은 4광년, a는 1AU이다. 알파 센타우리를 중심으로 반지름이 r인 대원과, 중심각을 p로 하는 원호와의 관계를 비례식으로 나타내면 다음과 같이 연주시차를 구할 수 있다.

$$
\begin{aligned}
&2\pi r : a = 360 \times 60 \times 60'' : p'' \\
&p'' = \frac{1\,Au \times 360 \times 60 \times 60''}{2\pi \times 4\,ly} \\
&\quad = \frac{1.5 \times 10^{8} \times 360 \times 60 \times 60''}{2\pi \times 4 \times 9.45 \times 10^{12}} \\
&\quad \approx 0.82''
\end{aligned}
$$

이때 시차는 연주시차의 두 배이므로 약 1.6각초가 된다. 1각초는 1cm 크기의 물체를 2km 떨어진 곳에 놓았을 때의 각 크기이고, 눈의 분해능은 일반적으로 20각초보다 크기에, 지구의 공전에 의한 별의 움직임을 인지하는 것은 극히 어렵다.

천구의 지평면상에서 관측자의 머리 꼭대기 위로 연장한 직선이 천구와 만나는 점을 **천정(zenith)**, 관측자의 다리 아래로 연장한 직선이 천구와 만나는 점을 **천저(nadir)**라고 한다. 천정과 천저를 지나는 대원은 지평선과 직교하는데 이 대원을 **수직권(vertical circle)**이라고 한다. [그림 1-1-1]에서 특정 천체가 X의 위치에 있다고 할 때 천체 X를 지나는 수직권이 지평선과 만나는 교점을 X'이라고 하자. 이때 ∠XOX'을 **고도(altitude)**라고 한다. 이것은 지평면으로부터 별 X까지 수직으로 잰 각도가 된다. 한편 관측자가 북쪽으로 향하는 지점으로부터 시계방향으로 잰 각 ∠NOX'를 **방위각(azimuth angle)**이라고 한다. 이와 같이 천체의 위치를 방위각(A)과 고도(h)

를 이용하여 나타내는 좌표계를 **지평 좌표계(horizontal coordinate system)**라고 한다. 이때 방위각(A)의 범위는 0°에서 360°까지 나타나며 고도(h)는 0°에서 90°의 범위로 표현된다.

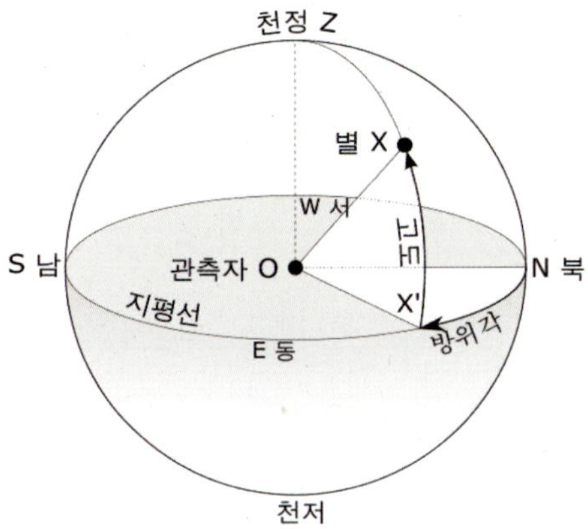

그림 1-1-1 지평 좌표

지평 좌표계는 직관적으로 이해하기 쉬운 장점이 있다. 예를 들어 '스텔라리움'과 같은 소프트웨어를 통해 내가 특정 시각과 장소에서 보고자 하는 천체의 방위각과 고도를 미리 알아둔 후 관측지에 나가 해당 천체를 찾는다면 손쉽게 찾을 수 있기 때문이다. 역으로 현재 내가 보고 있는 천체의 방위각과 고도를 대략적으로 파악한 후 '스텔라리움'을 이용해 해당 천체를 식별할 수도 있다. 그러나 지평 좌표계는 동일한 천체라도 관측자의 지구상의 위치와 시간에 따라 방위각과 고도가 달라지기 때문에 천체를 관측하기 위해 매번 좌표를 확인해야 하는 번거로움이 있다.

1.1.2. 적도 좌표계

시간과 위치에 따라 천체의 좌표가 달라지는 지평 좌표계와 달리 적도 좌표계는 천구의 극과 춘분점을 기준으로 하여 천체의 좌표가 고정된다. 따라서 지평 좌표계보다 활용도가 높다. 먼저 지구의 자전축을 연장한 두 선이 천구와 만나는 점을 각각 천구의 북극, 천구의 남극이라 한다. 두 극을 지나는 대원은 **시간권(hour circle)**이라고 한다. 천구의 북극 P와 천구의 남극 Q에서 90° 떨어진 대원을 **천구의 적도**(celestial equator)라고 하며 이는 지구의 적도면이 연장되어 천구와 만나는 원이다. 한편 춘분점 γ는 천구의 적도와 황도의 두 교점 중에서 태양이 적도의 아래에서 위로 통과할 때의 천구상의 점이다. 적도 좌표계에서는 춘분점이 기준점이 된다. [그림 1-1-2]에서 보는 것처럼 천체 X를 지나는 **시간권(hour circle)**이 적도와 만나는 점을 X'이라고 할 때 ∠XOX'을 **적위(declination)**라 하며, ∠γOX'은 **적경(right ascension)**이라 한다. 이와 같이 천체의 위치를 적경(α)과 적위(δ)를 이용하여 나타내는 좌표계를 **적도 좌표계(equatorial coordinate system)**라고 한다. 이때 적경(α)의 범위는 춘분점에서 시계 반대 방향으로 측정하여 0h에서 24h로 나타내며 적위(δ)는 북반구는 0°에서 90°, 남반구는 0°에서 -90° 범위로 표현된다.

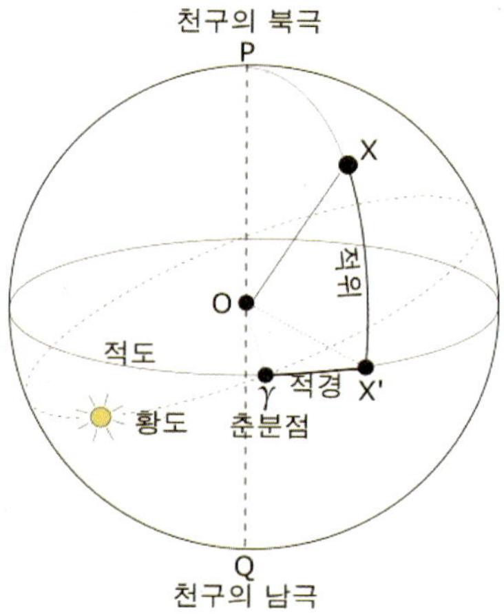

그림 1-1-2 적도 좌표

적도 좌표계는 지구 자전축의 방향과 춘분점의 위치가 변하지 않는 한 천체의 적도 좌표가 고정된다. 따라서 우리는 특정 천체의 적도 좌표를 알고 있다면 그 천체의 남중 시각과 남중 고도, 지평면 위에 떠 있는 시간[1]까지 예상할 수 있다.

1) 최승언, 2008, '우주의 메시지' 8쪽을 참조하시오.

1.1.3. 적도 좌표로 별의 남중 시각과 남중 고도 알아보기

이제 적도 좌표를 이용해 별의 남중 시각과 그때의 고도를 알아보자. 적경을 이용하면 천체가 남중하는 시각을 알 수 있다. 먼저 적도 좌표에서 천체의 적경은 춘분점을 기준으로 시계 반대 방향으로 부여받는 것을 상기하자. 따라서 춘분점에서 하지점 사이에 있는 천체의 적경은 0h~6h이며 하지점에서 추분점 사이는 6h~12h, 추분점에서 동지점은 12h~18h, 동지점에서 춘분점은 18h~24h(0h) 사이가 된다. 한편 춘분점의 방향은 춘분날 정오의 태양 방향이 된다. 춘분점의 방향은 공간상에 고정되어 있으므로 추분날에는 밤12h에 춘분점이 남중한다. [그림 1-1-3]에서 얇은 화살표(↓)는 춘분점의 방향을 나타낸 것이며 두꺼운 화살표(➡)는 각 위치에서 자정을 의미한다. 오리온자리의 α성인 베텔기우스의 적경은 5h 56m이다(2017년 기준). 그러므로 베텔기우스는 동짓날 자정경에 남중한다. 단 서울의 경도까지 고려하면(동경 127도) 0시 30분경에 남중하게 된다. 오리온자리의 β성인 리겔의 적경은 5h 15m으로 베텔기우스와의 적경차이인 41분 일찍 남중한다.

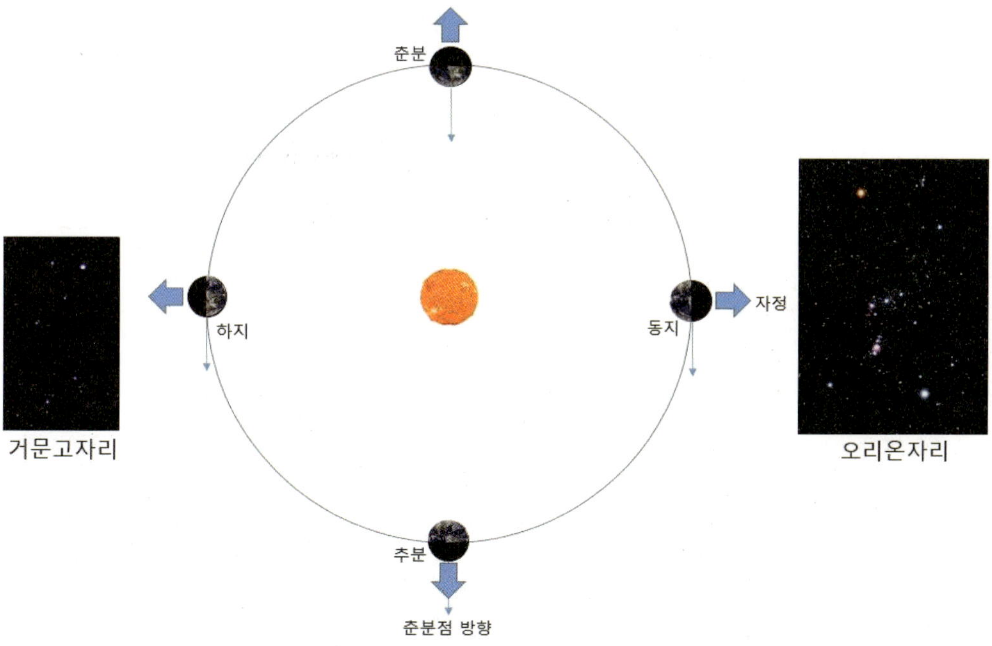

그림 1-1-3 적경을 이용해 남중 시각 알아보기

출처: 최승언, 2008년의 '우주의 메시지, 6쪽' 그림을 수정함

여름철의 대표적인 별자리인 거문고자리의 α성 베가(적경 18h37m)는 하짓날 12시 37분에(서울 기준 1시경) 남중한다. 베가와 베텔게우스의 적경이 12시간 40분 정도 차이 나는 것을 감안하면 거문고자리가 여름철 대표적인 별자리인 것을 쉽게 이해할 수 있다.

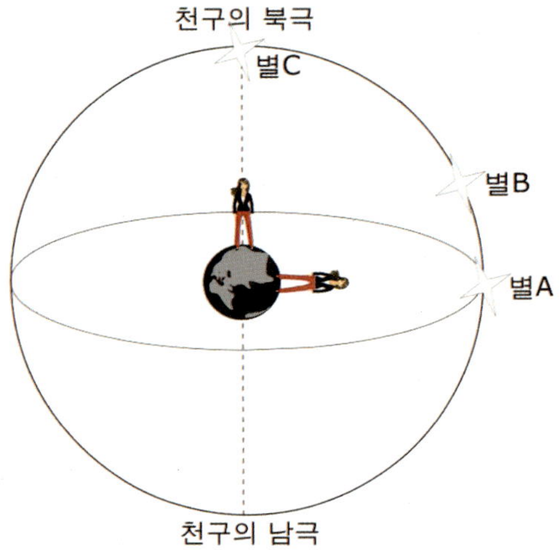

그림 1-1-4 위도에 따라 달라지는 별의 고도

이번에는 별의 적위를 이용하여 위도에 따른 별의 남중 고도에 대해 알아볼 것이다. 먼저 [그림 1-1-4]의 별A가 어떻게 보일지 생각해보자. 별A는 천구의 적도에 위치하고 있으므로 적위가 0°인데, 이때 지구의 적도지방에 있는 사람에게 별A는 천정에 남중하므로 남중 고도는 90°가 된다. 그러나 북극의 관측자에게는 별은 충분히 멀리 있으므로 지평선에 별이 위치하게 된다. 따라서 별의 고도는 항상 0°이다. 다음으로 적위가 30°인 별B의 경우 적도지방에서 남중 고도는 60°인 반면 극지방에서는 비교적 낮은 30°가 될 것이다. 적위 90°의 별C는 별A와 반대로 적도지방에서는 지평선에 별이 위치하는 반면 극지방에서는 천정에 위치하므로 고도는 90°가 된다. 이와 같은 관계를 수식으로 나타내면

$$h = 90° - \phi + \delta$$

(h = 남중 고도, ϕ = 관측지의 위도, δ = 적위)

로 간단히 정리할 수 있다. 위의 식에 의해 서울에서 천정에 남중하는 별의 적위는 서울의 위도와 같게 됨을 알 수 있다. 거문고자리의 베가는 적위가 38.5°로 위도가 37.5°인 서울과 거의 일치한다. 가을철 별자리인 안드로메다자리 β성 미라크도 적위가 35.5°로 천정 부근에 남중하게 된다. 그런데 베가는 태양을 제외하고 하늘에서 5번째로 밝은 별인 반면 미라크는 겉보기 등급이 2등급으로 상대적으로 어둡다. 따라서 도시의 빌딩숲 사이로 천정에 뜬 밝은 별을 보았다면 그 별은 십중팔구 베가일 것이다(여름철의 다른 밝은 별들과 혼동하지만 않는다면...).

1.1.4. 계절별 대표적인 별자리 맨눈 관측하기

계절별 별자리는 그 계절에만 보이는 별자리는 아니다. 일주운동으로 인해 일반적으로 하룻밤 동안 세 계절의 대표적인 별자리를 볼 수 있게 된다. 예를 들어 동짓날 저녁에는 서쪽으로 지고 있는 가을철 별자리를 볼 수 있으며, 새벽에는 동쪽에서 떠오르는 봄철 별자리를 볼 수 있다. 대신 겨울철 별자리는 저녁 무렵 동쪽에 뜨기 시작해 자정에는 남중한 후 새벽녘에 서쪽으로 지게 된다. 다시 말해 계절별 대표적인 별자리는 그 계절의 저녁부터 다음날 새벽까지 밤새 볼 수 있는 별자리인 것이다.

별자리를 관측하기 시작하는 초보자에게 너무 어두운 하늘은 오히려 별자리를 익히는 데 방해가 된다. 오히려 너무 많은 별들이 보이기 때문에 주요 별자리를 분간하기 어렵기 때문이다. 그렇다고 서울 도심과 같이 광공해와 대기 오염이 심한 지역에서는 1등급 정도의 별만 간신히 볼 수 있기에 이 역시 추천하지는 않는다. 도로나 빌딩의 불빛에서 비교적 자유로운 곳에 위치한 동네 뒷산의 체육 시설이나 한적한 학교 운동장 등에서 첫 관측을 시도해보자. 이런 곳에서는 겉보기 3등급 정도까지의 별을 볼 수 있으며, 이 정도면 대표적인 별자리를 익히기에 충분하다. 별자리를 찾는 구체적인 방법이나 주요 별들의 특성 등은 지면 관계상 별자리를 전문적으로 다루는 책을 참고하는 것이 좋겠다. 별자리의 대략적인 배치를 익히는 것도 별자리의 관측에 도움이 되는데, 이는 다음에 다룰 '스텔라리움'의 사용법을 익힌 후 이를 참고하여 관측 대상을 사전에 익힌 후 별자리 관측지로 나갈 것을 추천한다. 아래에서는 처음 관측하기에 적절한 각 계절별 대표적인 별자리의 이름과 주요 별들의 이름 및 적도 좌표를 표로 정리하였다. 이를 참고하여 맨눈 관측에 도전하자. 별자리는 보이는 만큼 알게 되며, 아는 만큼 더 보이게 된다. 단순히 스마트폰의 앱에 의존하기보다는 스스로 하나하나

찾아가면 어느샌가 밤하늘의 매력에 푹 빠져 있을 것이다. 별의 적도 좌표는 *2017 The Astronomical Almanac*을 참고하였다.

표 1-1 주요 계절별 별자리

계절	별자리	항성	적경			적위		
			시	분	초	도	분	초
봄	사자자리	α Leo	10	09	18.1	+11	52	52
	처녀자리	α Vir	13	26	07.0	-11	15	08
	목동자리	α Boo	14	16	27.6	+19	05	31
여름	거문고자리	α Lyr	18	37	31.9	+38	48	03
	독수리자리	α Aql	19	51	38.2	+08	54	56
	백조자리	α Cyg	20	42	01.7	+45	20	37
가을	페가수스자리	β Peg	23	04	37.5	+28	10	41
	안드로메다자리	α And	00	09	17.8	+29	11	13
	페르세우스자리	β Per	03	09	18.9	+41	01	19
겨울	오리온자리	β Ori	05	15	22.8	-08	10	57
	마차부자리	α Aur	05	17	59.1	+46	00	50
	큰개자리	α Cma	06	45	54.8	-16	44	30

1.1.5. 적도 좌표로 행성의 위치 알아보기

앞에서 적도 좌표를 활용하여 별의 남중 시각과 남중 고도를 예측하는 방법을 알아보았다. 그런데 이 방법을 응용하면 행성을 관측할 수 있는 시기와 그때의 방향까지 예측할 수 있다. 그런데 별에 비해 행성은 지구와의 거리가 굉장히 가까워 천구에 고정된 것이 아니므로 고유한 적도 좌표를 지닐 수 없다. 그러나 하루 동안의 적위, 적경의 변화가 그리 크지 않기에 관측하고자 하는 날의 적도 좌표만 알 수 있다면 그 위치를 충분히 예상할 수 있다.

한국천문연구원에서는 매년 역서를 발행하고 있다. 역서는 조선시대 관상감에서 매년 발행하였고, 한국천문연구원에서 그 전통을 이어 2017년 기준, 43번째로 발행하고 있다. 역서에는 일시별 태양의 고도와 방위각, 각 지역의 일-월출몰 시각, 박명시각, 행성의 위치 및 궤도 자료, 주요 항성 및 성운−성단표, 음−양력 환산표 등이 한국 표준자오선(동경 135도)을 기준으로 수록되어 있다. 〈표 1-2〉는 2018년 역서(pp. 134-148)[2)]에 제시된 다섯 행성들의 자료이다. 맨눈으로 관측 가능한 다섯 행성들의 적위, 적경값을 이용해 행성의 위치를 생각해보자.

먼저 각 행성의 적위를 살펴보면 값이 가장 적은 화성이 −25° 50m이다. 천체의 남중 고도를 나타내는 18쪽의 수식을 이용하면

$$h = 90° - 37.3 - 25.5 \text{ (서울 위도: 37.3)}$$

화성의 남중 고도는 27.2°이므로 다른 행성들도 모두 지표면 위에서 관측할 수 있음을 알 수 있다. 참고로 행성의 공전궤도면은 대체적으로 지구 공전궤도면과의 경사도가 적어 행성들은 모두 지평선 위에서 남중함을 쉽게 유추할 수 있을 것이다. 한편 행성의 적경을 이용하면 지구 공전궤도면상에 행성의 위치를 [그림 1-1-5][3)]와 같이 표시할 수 있다.

표 1-2 다섯 행성들의 적도 좌표

날짜	행성	적경			적위		
		시	분	초	도	분	초
2018. 9. 1. 0시 (한국표준시)	수성	9	46	53.8	14	26	01.5
	금성	13	26	53.0	-12	47	10.6
	화성	20	09	01.0	-25	50	15.6
	목성	15	00	42.1	-16	12	32.7
	토성	18	11	04.4	-22	41	52.6

먼저 9월 1일에 지구의 위치를 나타내자. 하지가 2018년 6월 22일이므로 9월 1일은 하지로부터 71일이 지난 날이다. 지구는 하루에 $\frac{360°}{365.25day}$의 빠르기로 공전한다. 따라서 9월 1일 지구 위치는

2) 한국천문연구원 (2017). 2018 역서, 서울: 에스엠북.
3) 최승언 (1992). 천문학의 이해, 서울: 서울대학교출판부의 '그림 3-1, p.69'의 그림을 수정함

$$\frac{360^\circ}{365.25day} \times 71day \approx 70^\circ$$

만큼 떨어진 그림과 같은 위치에 표시된다.

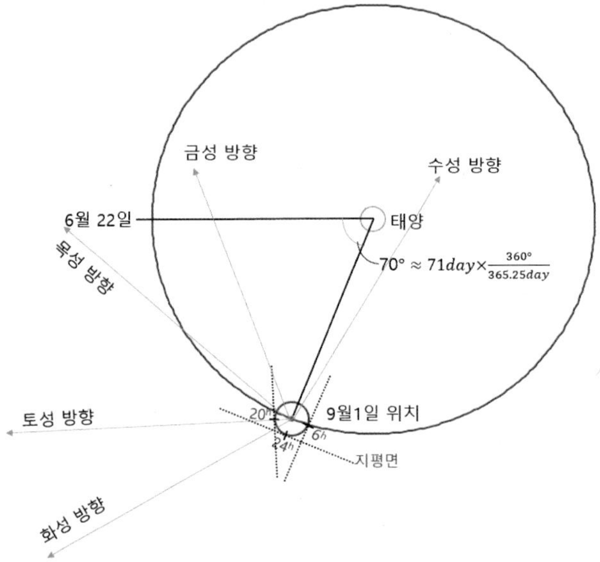

그림 1-1-5 지구 공전궤도면상의 다섯 행성들의 위치

적경 좌표를 이용해 다섯 행성들의 보이는 방향을 표시하였다. 앞에서 적도 좌표계에 대한 설명에서 적경값은 춘분점을 기준으로 반시계 방향으로 결정된 각이기에 각 행성의 위치가 위의 그림과 같이 나타나게 됨을 독자도 눈으로 확인하기 바란다. 6월 22일 지점이 18h 0m이 됨을 주지하면 어렵지 않게 이해할 수 있다. 여기서 행성의 위치를 직접 점으로 표시하는 대신 방향으로 표시하였다. 우리가 볼 때 밤하늘의 천체들이 거리에 관계없이 천구상에 위치해 있기 때문이다.

지구의 위치는 점으로 표시하였으나 지구의 시간대를 보기 편하도록 확대하여 표현하였고 주요 시각과 시각별 지평면의 위치도 나타내었다. 먼저 20시를 보자. 이 시각은 9월 1일, 서울에서 주요 행성과 밝은 별이 관찰되기 시작하는 항해박명 시각이다. 지평선 위에 무려 네 개의 행성을 관찰할 수 있다. 금성과 목성은 서쪽 하늘에 있으며 토성은 남중하며, 화성은 남동쪽 하늘에서 관측할 수 있다. 시간이 흘러 24시가 되면 서쪽 하늘에 토성과 화성이 떠 있을 것이다([그림 1-1-6] 참조).

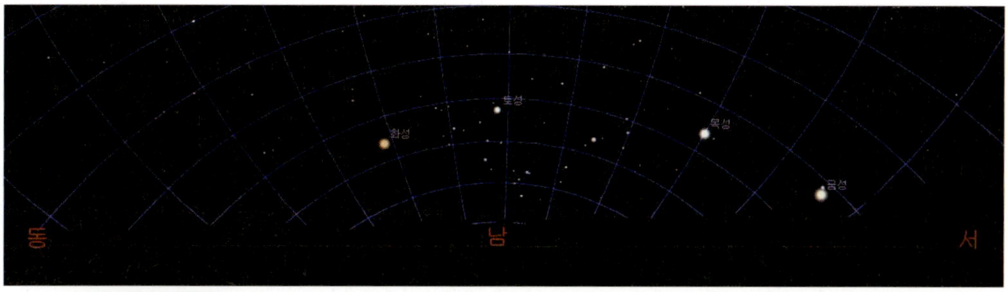

그림 1-1-6 20시 행성의 모습. 동쪽부터 화성, 토성, 목성, 금성이 보인다.

다음 날 새벽에는 전날 밤에 볼 수 없었던 수성도 관측할 수 있다. 그런데 [그림 1-1-5]에서 보듯이 태양과 수성의 이각은 얼마 되지 않아 보인다. 이각이란 관측자가 태양을 바라본 방향과 관측 천체를 바라본 방향 사이의 각을 의미한다. 따라서 이각은 적위의 차이를 무시한다면 태양과 천체의 적경 차를 통해 구할 수 있다.

$$\text{이각} \fallingdotseq (\text{각 전체의 적경}) - (\text{태양의 적경})$$

9월 2일 새벽 태양의 적경은 10h 43m인데, 위의 식을 이용해 수성과 태양 사이의 이각을 구하면 57m으로 약 15°가 된다. 수성의 경우 시민박명(태양이 지평선 바로 아래부터 고도 −6° 사이의 시각) 때에도 관측할 수 있으므로 수성은 지평선 위로 뜬 이후 약 1시간 동안 관측할 수 있다. 물론 태양과의 이각이 15°밖에 되지 않으므로 태양이 지평선에 거의 다다를 때 관측할 수 없음을 생각하면 수성이 보이는 최대 고도는 15°가 되지 않을 것이다. 따라서 탁 트인 평원이나 높은 산 혹은 동해 바다가 아니라면 관측이 쉽지 않다. [그림 1-1-7]에서 동쪽 하늘에 떠 있는 수성을 확인해보자.

그림 1-1-7 9월 2일 05시 40분의 하늘. 동쪽 하늘에 수성이 떠 있고, 지평선 아래 태양이 떠오르고 있다.

1.2. '스텔라리움(Stellarium)'을 활용한 맨눈 관측 활동

1.2.1. 학습 목표 및 준비물

이 관측 활동은 다음과 같은 학습 목표를 가지고 있다.

1. 컴퓨터 시뮬레이션 프로그램인 '스텔라리움'을 이용하여 별의 일주운동을 이해한다.
2. 동서남북 방향의 일주운동 사진을 이용하여 천구상에 천체의 일주운동을 나타낸다.

이 활동을 위한 준비물은 개인당 노트북 한 대와 무료로 인터넷에서 다운로드가 가능한 '스텔라리움(Stellarium)' 프로그램이다. 이 프로그램은 태양, 달, 별 등 천체의 움직임을 컴퓨터를 이용하여 실제와 흡사하게 보여줌으로써 천체의 운동을 이해하는 데 도움을 주는 소프트웨어이다. 세밀한 그래픽과 간단한 사용법으로 시각적으로 혹은 경험적으로 익숙하지 않은 천체의 움직임을 눈으로 직접 확인할 수 있다. 관측자가 바라보는 하늘의 방향과 관측 시간을 조절 · 선택할 수 있고 이에 따른 계절별 별자리, 달, 행성, 성운, 성단, 은하 등의 위치를 나타낼 수 있다. 또한 시간이 흐르는 속도를 조절하는 것이 가능하고 지구상의 원하는 관측지점으로의 이동이 가능하며, 줌인 · 줌아웃 기능도 제공하고 있어서 시간적 · 공간적 제약이 많이 따르는 교실 환경을 극복할 수 있는 유용한 도구이다.

1.2.2. 관측 활동

1 인터넷 검색엔진에서 『Stellarium(스텔라리움)』을 다운로드 받아 설치한다.

1) 휠 마우스 조작으로 줌 인, 줌 아웃 가능
2) 좌 클릭 후 드래그로 동서남북 방향 하늘로 이동 가능
3) 선택한 천체의 항성 정보 제공

2 관측자의 『위치』 설정

1) 화면 왼쪽의 도구상자에서 『위치 창』 아이콘 () 클릭 → 위치 창 활성화

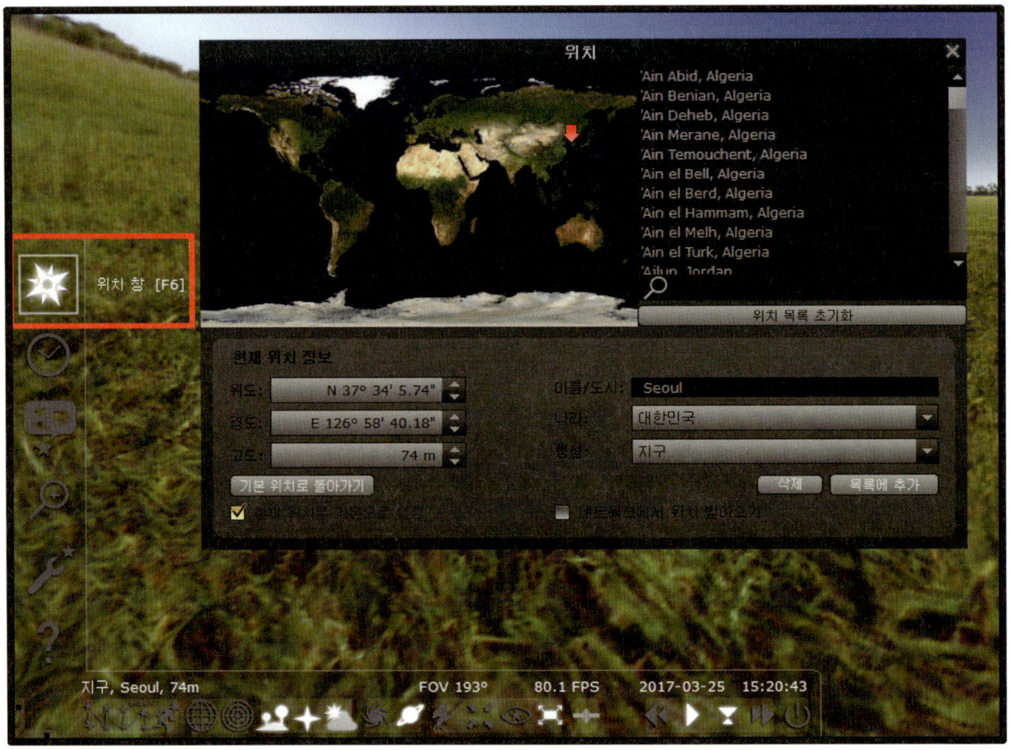

모니터 화면의 왼쪽에 마우스 포인터를 이동시키면 “위치창”, “시간창” 등 여러 가지 아이콘이 묶여 있는 도구상자가 나타난다. 마우스 포인터의 위치를 다른 곳으로 이동시키면 도구상자가 사라지는데, 만약 이 도구상자를 모니터상에 계속 나타나도록 하고 싶으면 도구상자 묶음 하단의 “▶”를 클릭하여 “■”로 변환시킨다. 다시 한 번 클릭하면 “■”이 “▶”로 바뀌면서, 모니터 왼쪽에 마우스 포인터가 이동할 때에만 도구상자 묶음이 나타난다.

2) 팝업된 위치창의 구성

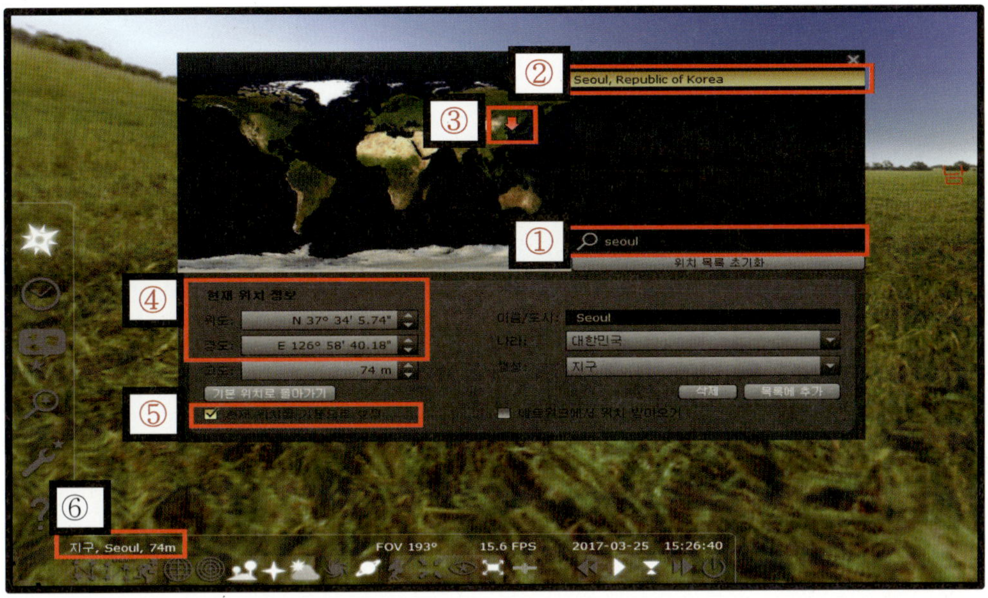

① 위치검색 아이콘( ): 관측지로 정하고자 하는 곳의 **『도시 이름』을 영어로** 쓴다.

☞ "seoul" 입력 ("Korea"가 아님에 유의)

② 검색된 "도시"와 "국가명"이 나타난다.

③ 검색된 도시의 위치가 빨간색 굵은 화살표로 세계 지도상에 표시된다. "세계지도"에 마우스를 올려놓고 원하는 곳을 직접 클릭하여 관측지의 위치를 선택할 수도 있다.

④ 현재 위치 정보: 위도와 경도

⑤ 다음 번 프로그램 실행 시에 『기본 위치』로 시작되는 곳을 설정한다.

⑥ 현재 위치: "행성", "도시", "고도"

3 관측 『시간』 설정

1) **화면 왼쪽의 도구상자에서 『날짜/시간 창』 아이콘 ( ) 클릭**

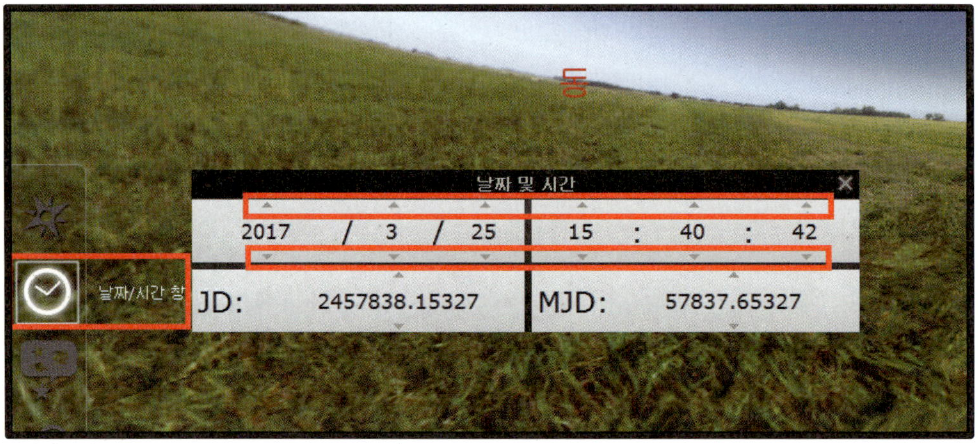

2) 팝업된 날짜 및 시간 창에서

① 모니터 화면의 하늘이 나타나는 『년』, 『월』, 『일』, 『시』, 『분』, 『초』가 순서대로 나타난다.

② **각 숫자의 위 아래에 『세모 버튼』 (,)을 클릭하면** 『년』, 『월』, 『일』, 『시』, 『분』, 『초』 단위로 시간을 조절할 수 있다.

☞ 위 그림에서 15시(오후 3시)를 나타내는 숫자 “15” 위의 버튼 “ ”을 한 번 누르면, 화면이 현재 15시보다 1시간 뒤인 16시의 하늘의 모습으로 (중간 모습을 생략하고) 바로 바뀐다.

※ 예를 들어, “금성”을 선택하여 수업이 있는 “오늘 날짜의 낮 12시”를 설정한 후, 『월』을 나타내는 숫자 위의 세모버튼( )을 한 번씩 계속 누르면, 태양 주위를 공전하는 금성의 모습을 확인할 수 있다.

4 시간이 흐르는 속도 조절하기: "**화면 아래쪽**"**의 도구상자에서 『시간조작 버튼 모음』**

1) : **과거로 빠르게 감기** / 연속해서 누를수록 더 빠른 속도로 과거로 돌아간다.

2) : **정상 속도로**

3) : **(컴퓨터에 설정된) 현재 시각으로 이동 ★**

4) : **미래로 빠르게 감기** / 연속해서 누를수록 더 빠른 속도로 미래로 진행된다.

5) : 종료

5 아래 제시된 아이콘들을 사용해보며 그 기능을 알아보자.

아이콘	명칭	기능
	지면	클릭하면 지면을 보이지 않게(또는 보이게) 한다.
	방위기점	『동서남북』 방위를 보이지 않게(또는 보이게) 한다.
	대기	지구에 대기가 있지 않은(또는 있는) 상태를 설정한다. 예를 들어, 아이콘을 눌러 대기가 있지 않은 상태를 설정하면 낮 12시에 태양이 있어도 주변 하늘은 검게 보이면서 지평선 위에 올라와 있는 천체들이 나타난다.
	딥스카이 천체	성운, 성단, 은하 등의 위치와 이름을 표시한다.
	행성 이름표	행성이 위치하는 곳에 각 행성의 이름이 나타나도록 한다.

6 '스텔라리움'을 통해 (간접적으로) 다양한 천문 현상을 관측해보자.

1) 오늘 밤 다음 천체들의 관측 가능 여부를 알아보자.

구분	달	수성	금성	화성	목성	토성
관측 가능 여부						
관측 가능한 시간/방향						

2) 위 1)의 과정에서 관측 가능한 행성에 대해, 휠 마우스를 이용하여 확대된 모습을 관찰해 보자.

※ 행성을 확대해 보면 행성 주위의 위성들을 확인해 볼 수 있다. 위성을 클릭하고 단축키 『O』를 누르면 (O: Orbit) 빨간색으로 행성 주위를 공전하는 위성의 궤도가 표시된다.

3) 동서남북 방향별 **별의 일주운동** 모습(일주운동의 방향)을 확인해 보자.

동	서	남	북

4) 화면 하단의 아이콘을 이용하여 계절별 별자리를 확인해 보자.

아이콘	명칭	기능
	별자리 선	별자리를 구성하는 별들 사이를 선으로 이어 나타낸다.
	별자리 이름표	별자리의 이름을 화면에 나타낸다.
	별자리 그림	각 별자리의 이름에 따라 그 이미지를 나타낸다.

① 봄 철 별자리: 처녀자리, 목동자리, 사자자리 등
② 여름철 별자리: 거문고자리, 백조자리, 독수리자리 등
③ 가을철 별자리: 페가수스자리, 안드로메다자리, 물고기자리 등
④ 겨울철 별자리: 오리온자리, 큰개자리, 작은개자리, 황소자리 등

1.3. ‘스카이 맵(Sky map)’을 활용한 관측 활동

앞 절에서 다룬 ‘스텔라리움’은 컴퓨터를 이용하여 관측 전후에 천체의 위치나 운동 등을 예상하거나 확인하는 역할로 활용할 수 있었다면 여기서 다루는 ‘스카이 맵(Sky map)’은 실시간으로 활용에 편리하다. ‘스카이 맵’은 모바일 어플리케이션으로 스마트폰의 GPS와 자이로 및 가속도센서를 이용해 현재의 위치에 기반하여 스마트폰이 가리키고 있는 방향에서 볼 수 있는 천체를 화면에 보여준다. 이를 활용하면 내가 지금 보고 있는 대상이 무엇인지 즉시 확인할 수 있다. 비록 밤이 아니라고 하더라도 시각을 밤으로 돌리고 특정 방향의 하늘을 가리키면 해당 시각에서 관측 가능한 천체를 제시해주기 때문에 낮에도 교육적으로 활용하기 유용하다. 이제 ‘스카이 맵’의 설치방법과 기본 사용법을 안내하고, 간단한 학습활동을 제시하고자 한다.

1.3.1. ‘스카이 맵’의 설치와 사용법

스마트폰의 ‘플레이스토어’에서 ‘sky map’이라고 입력하면 [그림 1-3-1]과 같이 쉽게 검색하여 설치할 수 있다. 설치가 끝나면 Sky map을 실행하자. 실행 후 나오는 ‘위치정보 사용’ 여부 질문에 동의를 해야 현재 지역을 반영한 하늘을 확인할 수 있다. 어플리케이션의 구성은 중앙 화면은 현재 바라보는 하늘이며, 상단과 좌우측에 메뉴가 각각 위치하고 있다. 각각의 메뉴의 기능에 대해서도 알아보고 익히자.

그림 1-3-1 설치 화면

그림 1-3-2 기본 화면

| 좌측 메뉴 |

아이콘	명칭	기능
	별	별과 주요별의 이름을 표시
	별자리	별자리선과 별자리 이름을 표시
	메시에 천체	메시에 천체 위치와 목록을 표시
	행성	행성 위치와 이름을 표시
	유성우	유성우의 위치와 이름을 표시
	적경, 적위 그리드	적경, 적위 격자를 표시
	수평선 및 기본 방위	수평선(지평선) 및 4방위를 표시

| 상단 메뉴 |

아이콘	명칭	기능
	검색	행성, 별, 별자리의 위치를 검색하여 스마트폰을 검색 대상으로 움직이도록 보조함
	야간 투시경 모드	화면을 전체적으로 붉게 바꾸어 암순응 상태의 눈을 보호함
	세부 메뉴	설정, 갤러리, 시간여행, 도움말 등 추가적인 메뉴를 이용할 수 있음

❙ 우측 메뉴 ❙

아이콘	명칭	기능
	탐색 모드	누를 때마다 자동/수동 모드가 전환됨 자동모드는 스마트폰의 이동에 따라 화면이 자동으로 움직이며, 수동모드는 화면을 드래그해야 움직임

❙ 세부 메뉴 - 시간 여행 ❙

세부 메뉴에서 시간 여행을 누르면 사용자가 원하는 날짜의 하늘로 이동하거나 혹은 주요한 천문이벤트가 있는 날로 이동할 수 있다.

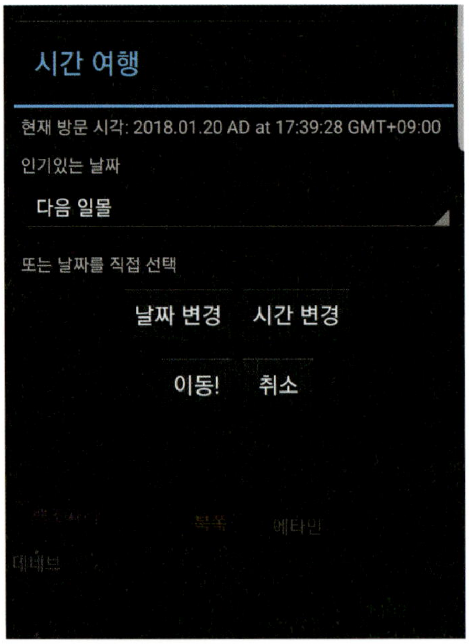

그림 1-3-3 시간 여행 화면

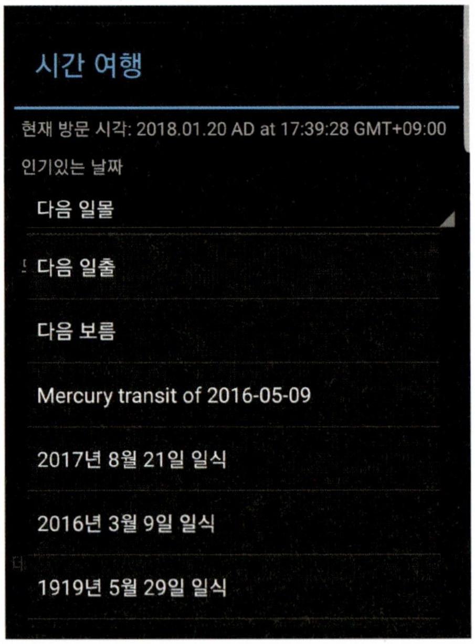

그림 1-3-4 천문이벤트 날짜 이동

1.3.2. 맨눈 관측 활동

먼저 주간 활동으로 우리 학교에서 야간에 관측 가능한 천체와 그 방향을 미리 확인한 후 관측 과제를 제시할 수 있다. 이를테면 수업 중 학생들과 운동장으로 나가 남쪽 하늘을 보고 선 상태에서 '스카이 맵'의 시간여행 기능으로 주말 저녁 시각으로 이동한다. 탐색 모드는 자동 모드를 유지한 상태로 남쪽 하늘을 학생들이 스스로 훑어본 후 관측 가능한 대상을 기록한 후 주말에 가족이나 친구들과 함께 운동장에서 관측하게 지도한다. 관측 결과는 그림으로 그리되, 지평선의 지형물을 같이 그려 대상 천체의 위치를 식별할 수 있도록 한다.

야간 활동은 맨눈으로 1등성과 같이 밝게 보이는 별을 확인한 후 그 주변의 어두운 별을 '스카이 맵'을 활용해 찾아보도록 한다. 이때 암순응이 깨지지 않도록 야간 투시경 모드를 적용한다. 도심에서는 1, 2등급의 별은 한눈에 들어오는 반면 2등급 후반 이상의 별은 그 위치를 알고 있는 상태에서 근처의 하늘을 오랫동안 찾아보면 보이는 경우가 많다. 이때 '스카이 맵'을 활용해 어두운 별의 위치를 밝은 별을 기준으로 하여 확인한 후 실제 하늘을 올려다보면 상대적으로 어두운 별이 눈에 띄게 될 것이다. 관측 결과는 역시 지형지물이 나타나게 하여 그려주며, 내가 한 번에 볼 수 있었던 별과 '스카이 맵'의 도움으로 볼 수 있었던 별, 보이지 않았던 별을 색깔을 구분하여 일지에 기록하면 별들의 밝기를 자연스레 비교할 수 있을 것이다. 다음의 관측 활동지를 이용하여 관측 활동을 수행하여 보자.

<table>
<tr><td>관측
시간</td><td>20 년 월 일 시 분~
20 년 월 일 시 분</td><td>관측
자</td><td></td><td>관측
장소</td><td></td></tr>
<tr><td>날씨</td><td></td><td>관측
대상</td><td colspan="3"></td></tr>
<tr><td>관측
결과
(스케치)</td><td colspan="5">* 내가 느낀 별의 밝기를 색깔이나 크기로 구분해서 기록하세요.
* 하단에 건물이나 산과 같은 지형지물을 그린 후 방위를 기록하세요.</td></tr>
</table>

1. 관측 시 특이사항은 무엇인가요?

2. 관측하면서 생긴 궁금증은 무엇인가요?

Chapter 2

망원경

2.1. 망원경의 역할과 역사

2.1.1. 망원경의 역할

인간의 눈으로 볼 수 있는 천체는 매우 한정된다. 인간의 눈에 있는 동공의 크기는 4~6mm로 매우 작기 때문에, 매우 밝은 천체에 해당되는 태양과 달, 5개 행성(수성, 금성, 화성, 목성, 토성) 그리고 6등급보다 밝은 별만 관찰할 수 있다. 어두운 천체를 관찰하기 위해서는 2가지 방법을 이용할 수 있다. 첫 번째는 양자효율을 높이는 것이다. 이는 다음 단원에서 언급할 카메라를 사용하는 방법이다. 카메라의 센서는 사람의 눈보다 양자효율이 높기 때문에, 같은 양의 빛이 입사했을 때 더 많은 양의 빛을 인식할 수 있다. 두 번째는 입사하는 빛의 양을 늘리는 것이다. 빛의 들어오는 입사 동공의 크기가 클수록 더 많은 양의 빛을 센서가 인식할 수 있다. 이 단원에서 언급할 망원경은 이러한 역할을 수행한다. 16인치 망원경의 입사 동공(망원경에서는 보통 구경이라고 표현한다)은 약 40.7cm로 인간 동공의 무려 6.8~10배이다. 입사 면적은 입사 동공의 제곱에 비례하기 때문에, 인간의 눈보다 46.2~100배 강하게 빛을 받을 수 있다. 어두운 천체를 관찰하기 위한 2가지 방법을 모두 이용한 것이 직초점 촬영법이다. 망원경을 통해 더 많은 양의 빛을 받고, 다시 카메라를 통해 높은 양자효율로 이 빛들을 인식한다. 직초점 촬영법에 대해서는 이 책의 거의 마지막 활동에서 다룰 것이다.

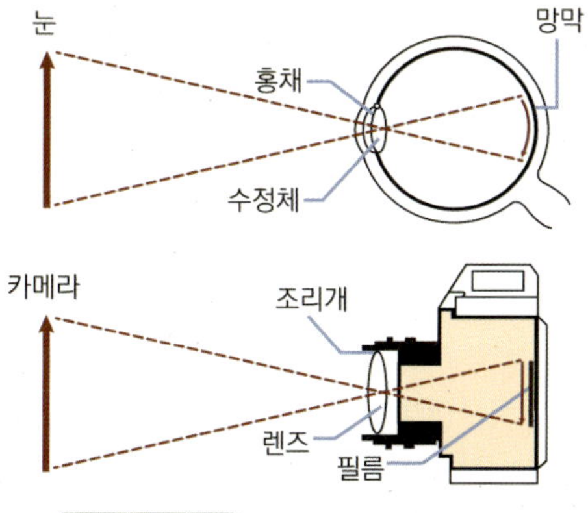

그림 2-1-1 눈과 카메라의 비교

2.1.2. 망원경의 역사

2.1.2.1. 굴절 망원경

망원경의 최초 발명자에 대해서는 여러 논란이 있다. 가장 널리 알려져 있는 사람은 네덜란드의 안경 제조업자인 한스 리퍼세이(Hans Lippershey)다. 그는 처음으로 망원경에 대해 특허를 취득하려고 했다. 비록 특허를 취득하지는 못했으나, 망원경 발명에 대한 소식이 유럽 전역에 퍼져나갔다. 그는 오목 렌즈와 볼록 렌즈를 겹쳐서 먼 곳의 물체를 볼 경우, 해당 물체가 매우 가깝게 보인다는 사실을 발견하고 이를 이용하여 망원경을 만들었다. 당시 네덜란드는 스페인과 30년 동안 격전을 치르고 있었는데, 네덜란드 총독 모리스는 군수 물자로 사용하기 위해 리퍼세이에게 두 눈으로 보는 쌍안경 형태의 망원경을 주문하였다.

갈릴레오(Galileo Galilei)는 이를 개선하여 **갈릴레이식 망원경**을 제작하였고, 이를 이용하여 목성, 금성, 달을 관찰하였다. 금성의 관찰을 통해 금성 또한 달처럼 위상이 변화한다는 것을 발견하였는데, 그중 금성의 보름달 위상은 기존 천동설로는 설명할 수 없었다. 또한 목성 관찰을 통해 목성 주위를 도는 4개의 위성을 발견하였고, 지구 주위가 아닌 다른 천체 주위를 도는 천체가 있음을 깨달았다. 현재 우리는 이 위성들을 그의 이름을 따서 갈릴레이 위성이라고 부른다. 이 발견들은 지구중심설의 강력한 증거가 되었다. 갈릴레이의 망원경은 시야가 매우 좁은 단점을 가지고 있기 때문에, 오늘날에는 잘 쓰이지 않는다.

이후 요하네스 케플러(Johannes Kepler)는 시야가 좁은 갈릴레이 망원경의 단점을 보완하기 위해 2개의 볼록 렌즈를 사용한 **케플러식 망원경**을 고안하였다. 케플러식 망원경은 갈릴레이식보다 시야가 넓고 배율이 큰 장점이 있다. 하지만 볼록 렌즈를 사용하였기 때문에 색수차가 심하다. 이를 해결하기 위해서는 렌즈의 곡률이 작아져야 했고, 이로 인해 초점거리가 매우 긴 렌즈가 사용되었다. 즉, 색수차를 줄이기 위해서는 망원경의 길이가 매우 길어져야 한다. 크리스티안 하위헌스(Christian Huygens)는 케플러가 고안한 망원경을 실제로 제작하였다. 구경 57mm에 길이 3.7m로 매우 긴 망원경이었다. 1655년 하위헌스는 자신의 형인 콘스탄테인 하위헌스(Constantijn Huygens)와 함께 이 망원경을 이용하여 토성의 위성인 타이탄과 토성의 고리를 발견하였다. 이후에는, 색수차를 해결하기 위해 더욱 긴 망원경이 만들어졌다. 지오바니 카시니(Giovanni Cassini)는 1672년 길이 11m 망원경을 이용하여 토성의 5번째 위성인 레아(Rhea)를 발견하였다. 요하네스 헤벨리우스(Johannes Hevelius)는 길이 46m의 망원경을 제작하였다. 이러한 망원경을 지지하기 위해 기다란 기둥과 크레인이 사용되었다.

2.1.2.2. 반사 망원경

굴절 망원경의 색수차를 없애기 위해 경통의 길이는 계속 길어져만 갔다. 하지만 길이가 길어 길수록 이를 밧줄로 묶고 지지해내는 것이 매우 힘들었으며, 수많은 노동이 필요했다. 제임스 그레고리(Games Gregory)는 이를 해결하기 위해 빛의 굴절이 아닌 반사를 이용하는 망원경을 고안하였다. **그레고리식 망원경**이라고 불리는 이 망원경은 최초의 반사 망원경으로 두 개의 금속 반사경을 이용하는 방식이었는데, 그레고리가 직접 실물로 만드는 데에는 실패하였다. 그 이후 나타난 반사 망원경은 현재까지도 아마추어들이 이용하고 있는 **뉴턴식 망원경**이다. 뉴턴의 첫 망원경은 청동으로 연마한 3.3cm의 구면 오목 거울과 작은 평면경을 이용하여 길이 15cm의 반사 망원경을 제작했다. 그는 이 망원경을 사용하여 갈릴레이 위성 4개와 금성의 위상을 관찰하는 데 성공했다. 그리고 이후 1672년에 배율이 무려 38배에 이르는 두 번째 망원경을 제작하였다. 반사 망원경의 세 번째 형태는 1672년 기욤 카세그레인(Guillaume Cassegrain)이 개발한 '카세그레인식 망원경'이다. **카세그레인 망원경**은 포물면의 주거울과 쌍곡면의 부거울로 구성되어 있다. 작은 쌍곡면의 거울은 주초점 부근에 위치하여 주거울에서 반사한 빛을 다시 반대 방향으로 반사한다. 이러한 구조 덕분에 뉴턴식과 달리 경통 방향으로 망원경을 들여다볼 수 있다. 이는 현재 주로 행성과 성운을 관측하는 용도로 가장 널리 사용하고 있다.

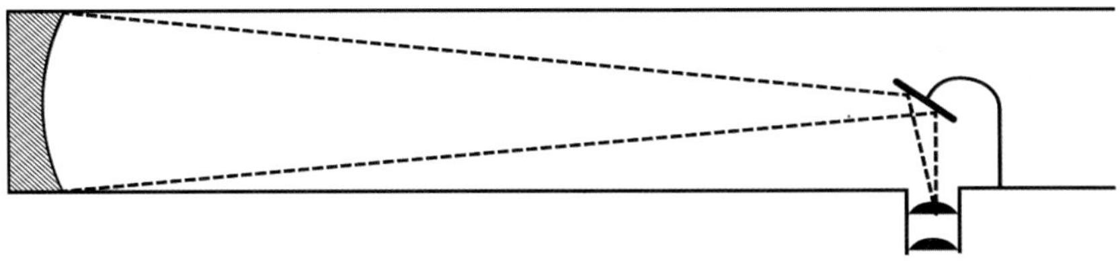

그림 2-1-2 뉴턴식 망원경 빛의 경로

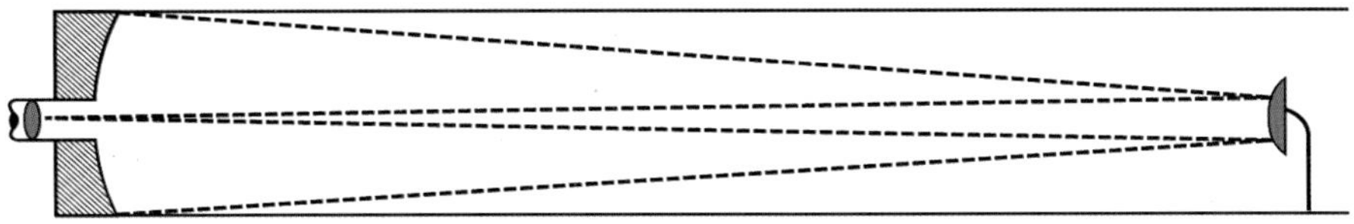

그림 2-1-3 카세그레인식 망원경 빛의 경로

2.1.2.3. 다양한 형태의 망원경

천체는 다양한 온도를 가지고 있다. 빈의 변위 법칙에 따라 해당 별이 내보내는 최대 파장은 해당 천체의 온도에 의해 결정된다([그림 2-1-4]).

$$\lambda_{max} = \frac{b}{T}\ (b = 2.8978 \times 10^{-3} m \cdot K)$$

가시광선의 범위는 사람에 따라 일부 다르지만, 약 380~800nm이다. 따라서 광학 망원경으로 볼 수 있는 천체의 온도 범위를 빈의 변위 법칙인

$$T = \frac{b}{\lambda_{max}}$$

를 이용하여 구하면, 약 3622~7626K가량 된다. 즉, 광학 망원경으로 볼 수 있는 천체는 이러한 온도 범위 내에 있는 천체나 이러한 천체의 빛을 받아 반사하고 있는 천체이다. 그보다 더 낮거나 높은 온도의 천체를 관찰하기 위해서는 다른 파장대를 관찰할 수 있는 망원경이 필요하다.

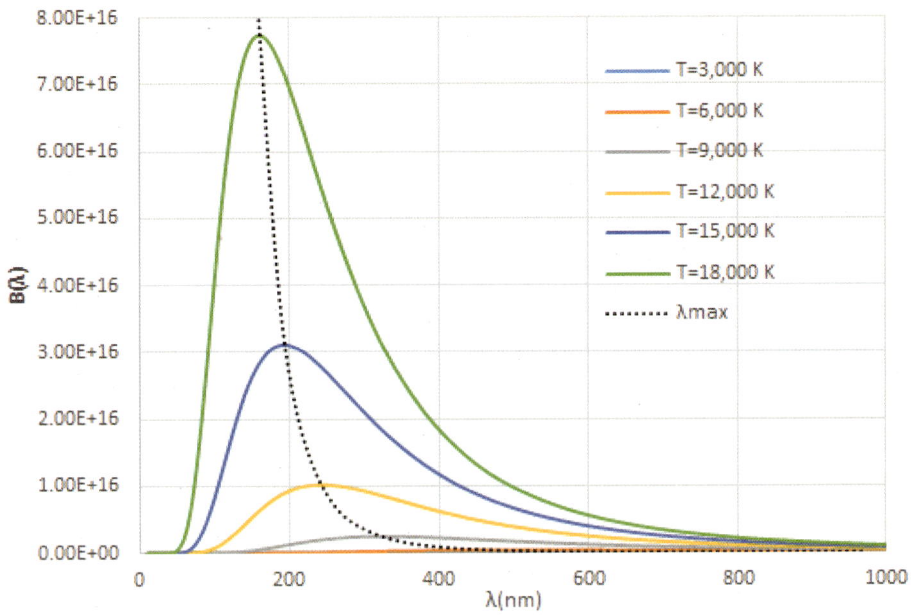

그림 2-1-4 흑체 복사 및 빈의 변위 법칙

A. 전파 망원경

앞서 언급한 가시광선과 마찬가지로 전파 또한 대기를 투과하여 지구 지표면까지 도달할 수 있다([그림 2-1-5]). 따라서 지상에 다양한 전파 망원경이 제작되었다. 전파 망원경 역사의 기원은 벨 연구소의 칼 잰스키(Karl Jansky)로부터 시작된다. 그는 20.5MHz 대역의 파장을 수신하는 전파 안테나를 만들었다. 그리고 그것을 이용하여 모든 방향에서 오는 전파들을 연구하였고, 그 결과 수신된 신호들을 뇌우로부터 발생되는 신호와 정체 불명의 희미한 신호로 나눌 수 있었다. 희미한 신호는 지구 기원이 아닌 것으로 추정되었고, 오랜 연구 끝에 이 전파가 은하수로부터 온다는 것을 알게 되었다. 그 이후 가시광선 이외의 파장대를 방출하는 천체에 대한 관심이 증폭되었다. 빛의 파장이 길수록, 구경이 작을수록 회절 현상이 잘 일어나므로 좋은 분해능을 얻기 위해서는 망원경의 지름이 커야 한다. 전파의 경우는 파장이 매우 긴 편에 속하기 때문에, 이에 따라 접시의 지름이 매우 커질수록 더 긴 파장을 관찰할 수 있다. 1937년 그로트 레버(Grote Reber)는 보다 복잡한 형태의 9.6m 전파 망원경을 제작하였고, 그것을 이용하여 하늘로부터 오는 여러 가지 설명되지 않는 전파들을 발견하였다.

2차 세계대전 이후 전파에 대한 관심이 많아지면서, 더욱더 큰 접시 모양의 전파 망원경이 만들어졌다. 1957년에는 Jodrell bank 망원경(76m), 1962년에는 Green Bank 망원경(91m), 1971년에는 Effelsberg 망원경(100m), 1963년에는 Arecibo 망원경(300m)이 만들어졌다. 모든 전파 망원경이 접시 모양은 아니다. 1954년에 만들어진 Mills Cross 망원경은 460m 길이의 십자 모양 안테나로 이루어져 있다.

300MHz~30GHz까지의 전자파를 마이크로파라고 하는데, 1964년 이 영역에서 우주 배경 복사가 발견되면서 천문학에서 매우 중요하게 다뤄지고 있다. 이 영역대는 지상에 있는 전파 망원경으로 충분히 관측 가능하다. 하지만 마이크로파의 짧은 파장대는 대기 중에 존재하는 물분자에 의해 흡수되기 때문에, 대체로 우주에 있는 망원경으로 관측된다.

1989년에 쏘아 올려진 Cosmic Background Explorer(COBE)는 마이크로파 대역의 우주 배경 복사 연구에 크게 기여하였다. COBE를 통해 관측된 우주 배경 복사에서 2가지 특징을 발견할 수 있었다. 하나는 우주 배경 복사가 이상적인 흑체 복사와 거의 일치한다는 사실이었고, 또 하나는 우주 배경 복사의 미세한 불균일이 존재한다는 것이었다. 이러한 사실은 빅뱅 우주의 강력한 증거가 되었다.

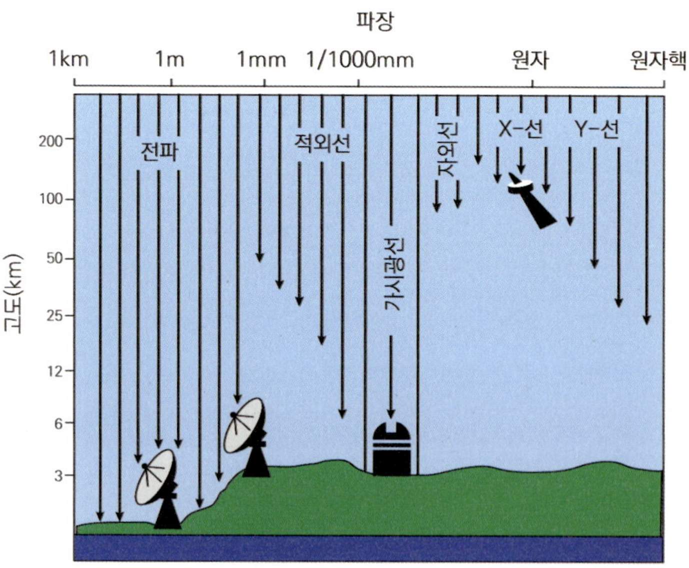

그림 2-1-5 대기의 전자기파 창

긴 파장대를 관측하기 위해서는 전파 망원경의 지름이 커져야 하는데, 매우 큰 전파 망원경을 만드는 데에는 한계가 있었다. 그래서 여러 망원경을 합쳐 하나의 커다란 망원경으로 이용하는 **전파 간섭계 망원경(radio interferometer telescope)**이 개발되었다. 초장기선 간섭계(Very Long Baseline Interferometry, VLBI)를 구성하는 망원경들은 유럽, 캐나다, 미국, 러시아, 한국, 일본, 멕시코, 호주 등 전 세계에 걸쳐 존재한다.

B. 적외선 망원경

대부분의 적외선은 대기에서 흡수되지만, 대기에 의한 흡수를 최소화할 수 있는 높은 산에서 일부 파장대에 대해 관측이 이루어지고 있다. 적외선을 인식할 수 있는 적절한 탐지기(detector)가 존재한다면 일반적인 광학 망원경으로도 관측이 가능하다. 마우나케아 화산에 위치한 3.8m의 UKIRT, 3m의 IRTF는 적외선 관측 전용 망원경이다. 1983년에 쏘아 올려진 IRAS 인공위성(우주 망원경)은 60cm의 거울을 가진 반사망원경으로 적외선 천문학에 혁명적인 기여를 했다.

C. 자외선 망원경

자외선은 오존층에 의해 대부분이 흡수된다. 따라서 지상에서는 관측이 불가능하므로 자외선 관측은 대부분 인공위성에서 이루어진다. 자외선 망원경의 구조는 광학 망원경과 거의 유사하다. 1962년부터 Orbiting Solar Observatory 프로젝트를 통해 8개의 OSO 우주망원경이 발사되었고, 주로 태양과 관련된 연구에 이용되었다.

2.2. 간이 굴절 망원경의 제작과 관측

갈릴레이가 처음 천체를 관측하기 위한 망원경을 제작한 이래로, 관측의 정밀함을 더하기 위해 케플러, 뉴턴 등에 의해 다양한 형태의 천체 망원경이 개발되었다. 그 이후로도 관측의 정밀성을 높이기 위해 천체 망원경은 점차 복잡한 구조와 기능을 가지게 되었고 그 크기도 점차 커지게 되었다. 그 결과 망원경을 조작하는 것에 숙련된 사람이 아닌 초보자가 망원경의 조작법을 습득하는 것이 쉽지 않아졌고, 복잡한 구조와 기능을 가진 천체 망원경을 조작하고, 그것을 통해 광학적 원리를 이해하는 것은 점차 어려워졌다. 천체 망원경을 조작해 보기에 앞서 갈릴레이와 케플러가 처음 제작했던 것과 같은 간단한 구조의 망원경을 직접 제작해보는 활동을 통해 망원경의 렌즈와 관련된 광학적 원리에 대해 쉽게 이해할 수 있다. 갈릴레이와 케플러는 두 개의 렌즈를 사용하여 간단한 구조의 천체 망원경을 제작하였다. [그림 2-2-1]은 렌즈 2개와 골판지 등을 이용하여 제작한 간이 굴절 망원경이며, 갈릴레이가 처음 제작한 천체 망원경과 구조 면에서 거의 유사하다.

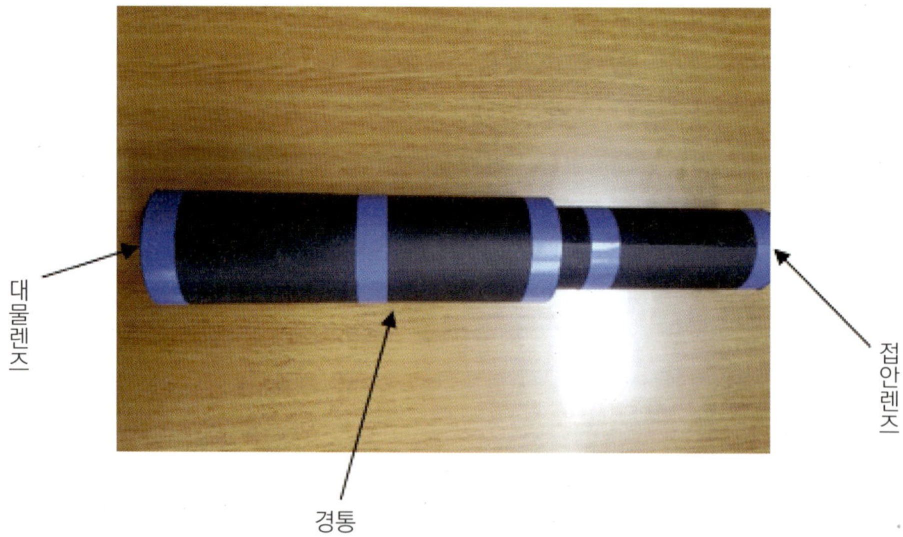

그림 2-2-1 간이 망원경의 구조

간이 굴절 망원경은 위와 같이 대물렌즈, 접안렌즈, 경통으로 이루어져있다. 접안렌즈로 볼록렌즈를 사용하면 케플러식 굴절 망원경을 제작할 수 있으며, 오목렌즈를 사용하면 갈릴레이식 굴절 망원경을 제작할 수 있다. 간이 굴절 망원경을 제작하기 위해서는 볼록렌즈 2개(또는 볼록렌즈 1개, 오목렌즈 1개), 4절 크기의 골판지 2장, 양면테이프, 가위가 필요하다.

망원경 제작 시 사용하는 렌즈의 크기와 두께에 따라 렌즈의 초점거리는 달라진다. 시중에 판매하는 렌즈에 초점거리가 명시되어있는 경우도 있지만 그렇지 않은 경우 간단한 조작을 통해 렌즈의 초점거리를 대략적으로 구할 수 있다.

대물렌즈와 접안렌즈 두 렌즈의 초점거리의 합은 망원경 경통의 최소한의 길이가 되므로, 망원경의 제작에 앞서 대물렌즈와 접안렌즈의 초점거리를 구하고, **알맞은 경통의 길이를 계산**해야 한다.

[그림 2-2-2]에서 a는 물체에서 렌즈까지의 거리, b는 렌즈에서 상까지의 거리를 의미한다.

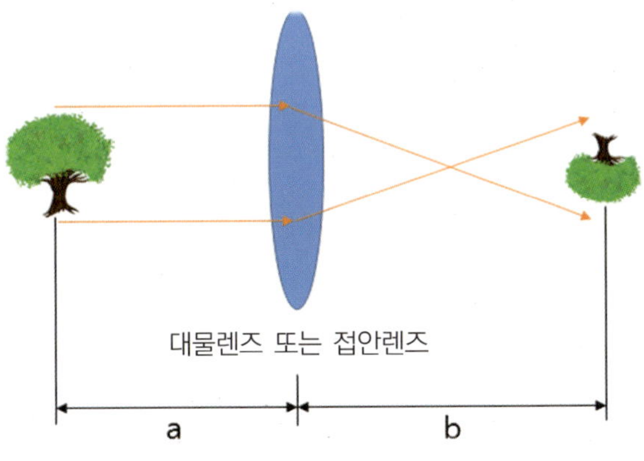

그림 2-2-2 볼록렌즈를 통과하는 빛의 경로

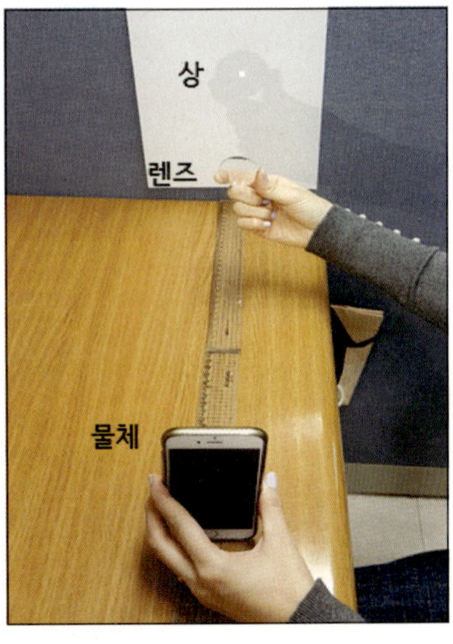

그림 2-2-3 렌즈를 통과한 물체의 상

a, b와 렌즈의 초점거리(f)와의 관계는 다음과 같다. 직접 렌즈를 움직여가며 a, b를 구하면 렌즈의 초점거리(f)를 계산할 수 있다.

$$\frac{1}{f}=\frac{1}{a}+\frac{1}{b}$$

(f: 렌즈의 초점거리, a: 물체에서 렌즈까지의 거리, b: 렌즈에서 상까지의 거리)

전구를 켜고, 볼록 렌즈(예시: 접안렌즈 4cm 혹은 대물렌즈 5cm)의 위치를 변화시켜가며 상이 가장 선명하게 맺히는 순간의 a, b를 잰다(이때, 전구를 사용할 수 없는 경우, 휴대폰의 플래시 등으로 대체할 수 있다).

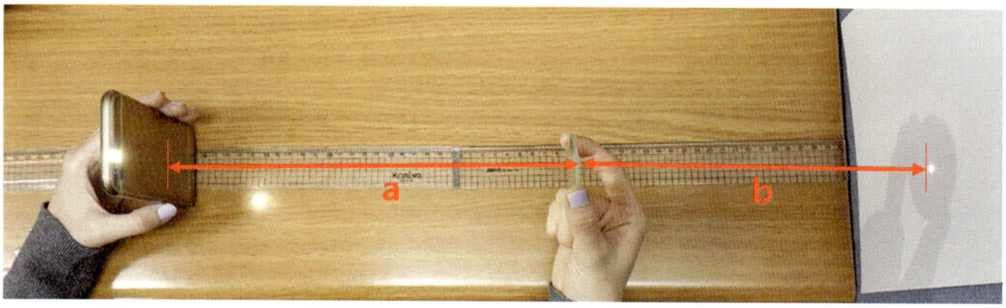

그림 2-2-4 전구, 렌즈, 상 사이의 거리

[그림 2-2-4]와 같이 렌즈의 위치를 변화시켜 가며 상이 가장 선명한 순간(상이 가장 작을 때) 대물렌즈(5cm)의 a는 52cm, b는 38cm이므로 $\frac{1}{f}=\frac{1}{a}+\frac{1}{b}$에 각각 대입하면, $\frac{1}{f}=\frac{1}{52}+\frac{1}{38}$이므로 f는 약 22cm가 된다. 이것이 대물렌즈(5cm)의 초점거리이다. 같은 방법으로 접안렌즈의 a는 20cm, b는 40cm이므로, $\frac{1}{f}=\frac{1}{20}+\frac{1}{40}$에서 초점거리는 약 13cm이다. 즉, 이 렌즈를 사용하여 망원경을 만들기 위한 대략적인 경통의 길이는 13+22=35cm이므로, 경통의 길이는 <u>**최소 35cm 이상**</u>이어야 한다.

그림 2-2-5 간이 굴절 망원경을 이용한 관측

그림 2-2-6 케플러식 굴절 망원경을 통해 보이는 상의 예시

간이 망원경을 이용해 실제로 멀리 있는 물체를 관측하기 위해 [그림 2-2-5]와 같이 접안렌즈가 있는 안쪽 골판지를 상이 선명해질 때까지 움직여 초점을 맞춘다. 망원경을 통해 보이는 상은 [그림 2-2-6]과 같다.

간이 망원경의 제작 과정에서 도입할 수 있는 망원경의 광학적 원리

✓ 렌즈의 두께, 크기, 초점거리
✓ 렌즈에 알맞은 경통의 길이
✓ 접안렌즈의 종류에 따른 상의 형태(도립상, 정립상)

제작할 망원경 경통의 최소한의 길이를 계산한 후 그에 맞게 골판지 등을 이용하여 간이 망원경을 제작할 수 있다. 간이 굴절 망원경의 제작 과정은 다음과 같다.

❙ 간이 굴절 망원경 제작 과정 ❙

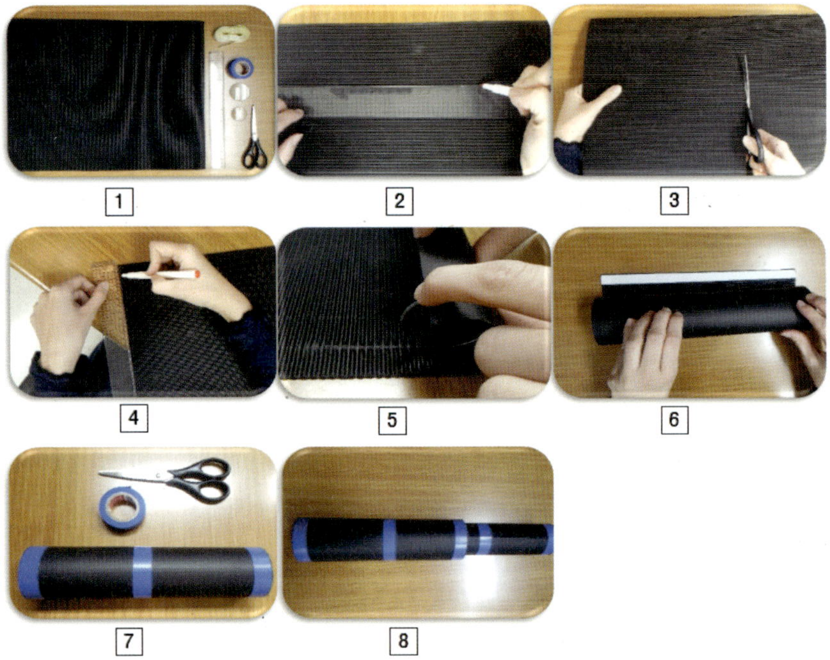

1. 골판지, 양면테이프, 절연테이프, 볼록렌즈 2개(대물용, 접안용), 가위, 자, 펜을 준비한다.
2. 골판지의 좁은면(세로면)에 25cm지점을 표시한다.
3. 25cm인 지점을 골판지의 골에 수직인 방향으로 자른다.
4. 25cm의 골판지의 한쪽 끝에서 1.5cm가 되는 지점을 표시한다.
5. 렌즈를 사용하여 1.5cm가 되는 지점에 대물렌즈의 둘레 길이만큼 골을 만든다.
6. 25cm의 골판지의 골에 대물렌즈를 끼우고 골판지를 둘둘 말아 끝에서 양면테이프로 고정한다.
7. 둘둘 만 골판지 위를 절연테이프로 감싸서 튼튼하게 고정한다.
8. 1~7와 같은 방법으로 다른 골판지도 동일하게 1.5cm가 되는 지점에 골을 만들고, 접안렌즈를 끼우고 절연테이프를 사용하여 튼튼하게 고정한다. 그리고, 대물렌즈가 들어있는 골판지에 접안렌즈가 들어있는 골판지를 끼워 완성시킨다. (접안렌즈와 대물렌즈는 양쪽 바깥에 위치하도록 한다.)

※ 대물렌즈가 들어있는 골판지 안에 접안렌즈가 들어있는 골판지가 너무 꽉 끼거나 헐거워지지 않도록 골판지의 두께를 알맞게 조정해야 한다.

굴절 망원경은 빛이 대물렌즈(볼록렌즈)를 통과하면서 만들어지는 허상을 접안렌즈를 통해 보는 원리를 이용한다. 따라서 접안렌즈로 어떤 렌즈를 사용하는가에 따라 우리가 보는 상의 방향이 달라지게 된다.

[그림 2-2-7]과 같이 볼록렌즈 1개와 오목렌즈 1개를 사용한 굴절 망원경의 경우, 빛이 두 번 굴절되지만 굴절 방향이 다르므로 경로가 교차되지 않는다. 따라서 시야에 보이는 상이 똑바로 보이게 된다. 즉, 접안렌즈로 오목렌즈를 사용한 갈릴레이식 굴절 망원경의 경우 정립상을 관측할 수 있다. 하지만 배율을 높일수록 시야가 좁아져 밤하늘의 천체를 관측하기에는 매우 제한적이다.

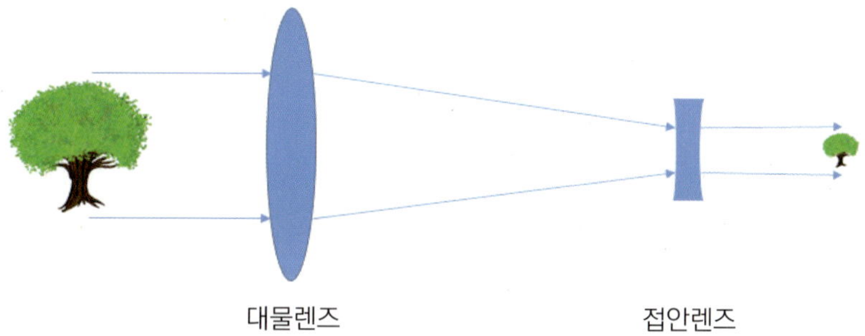

그림 2-2-7 갈릴레이식 망원경의 광학적 구조

[그림 2-2-8]과 같이 볼록렌즈 2개를 사용한 굴절 망원경의 경우, 두 개의 렌즈를 통과하면서 빛의 경로가 두 번 굴절되어 교차되므로 상하좌우가 반대로 된 상을 보게 된다. 즉, 접안렌즈로 볼록렌즈를 사용한 케플러식 굴절 망원경의 경우 도립상을 관측할 수 있다. 도립상을 지상에서 관측 시 직각 프리즘과 같은 장치를 이용하면 정립상을 얻을 수 있다. 케플러식 망원경은 갈릴레이식 망원경의 단점을 보완한 것으로, 갈릴레이식 망원경에 비해 시야가 넓고, 접안렌즈를 교환하여 배율을 자유롭게 조절할 수 있다. 현재 사용되고 있는 대부분의 굴절 망원경은 케플러식을 채택하고 있다.

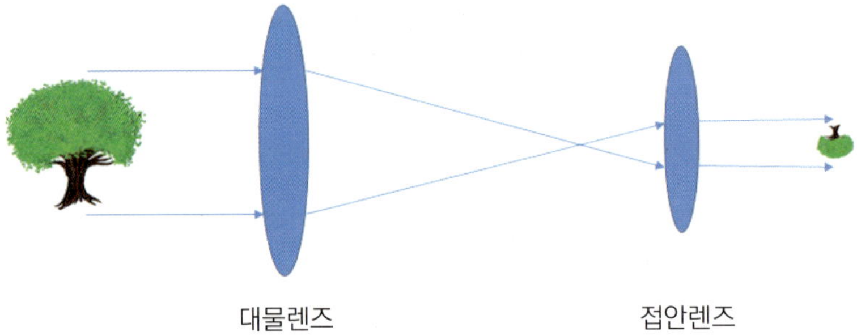

그림 2-2-8 케플러식 망원경의 광학적 구조

활동지

간이 굴절 망원경의 제작과 관측

학습 목표

1. 간이 굴절 망원경을 제작할 수 있다.
2. 굴절 망원경의 원리와 구조, 기능에 대해 설명할 수 있다.

준비물

볼록렌즈 2개(지름 약 4cm, 5cm), 4절 크기의 골판지 2장, 양면테이프, 가위

함께해보기

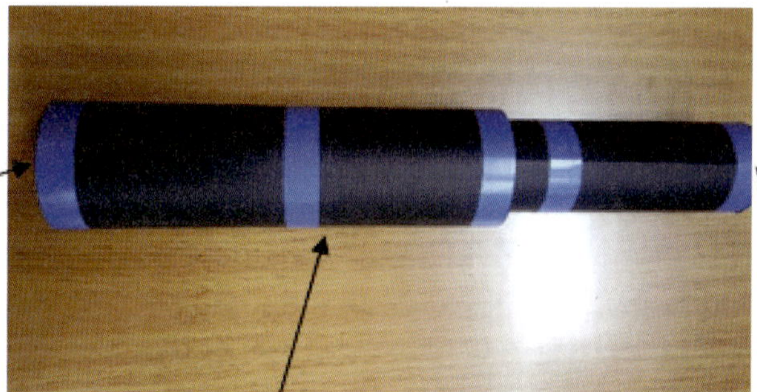

간이 망원경의 구조

간이 망원경의 제작 과정에서 도입할 수 있는 망원경의 구조와 광학적 원리

✓ 렌즈의 두께, 크기, 초점거리

✓ 렌즈에 알맞은 경통의 길이

✓ 접안렌즈의 종류에 따른 상의 형태(도립상, 정립상)

1 렌즈의 초점거리를 구해보자.

※ 사용하는 렌즈의 크기와 두께에 따라 렌즈의 초점거리는 달라진다. 시중에 판매하는 렌즈에 초점거리가 명시되어있는 경우도 있지만 그렇지 않은 경우 간단한 조작을 통해 렌즈의 초점거리를 대략적으로 구할 수 있다. 대물렌즈와 접안렌즈 두 렌즈의 초점거리의 합은 경통의 최소한의 길이가 된다. 망원경의 제작에 앞서 대물렌즈와 접안렌즈의 초점거리를 구해야 한다. 이 활동에서는 학생들이 직접 초점거리를 구하는 과정을 통해 렌즈를 통해 만들어지는 물체의 상을 경험하게 되고, 렌즈와 물체 사이의 거리, 렌즈와 상까지의 거리, 초점거리 사이의 관계를 이해하게 된다.

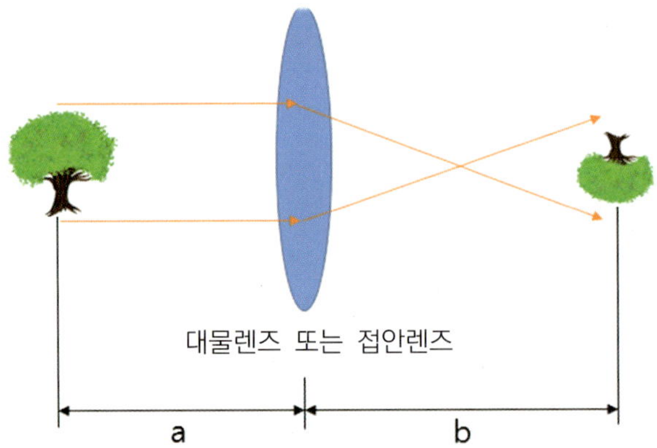

볼록렌즈를 통과하는 빛의 경로

렌즈를 통과한 물체의 상

1) 전구를 켜고, 렌즈의 위치를 변화시켜가며 상이 가장 선명하게 맺히는 순간의 a, b를 잰다. (※ 전구를 사용할 수 없는 경우, 휴대폰의 플래시로 대체할 수 있다.)

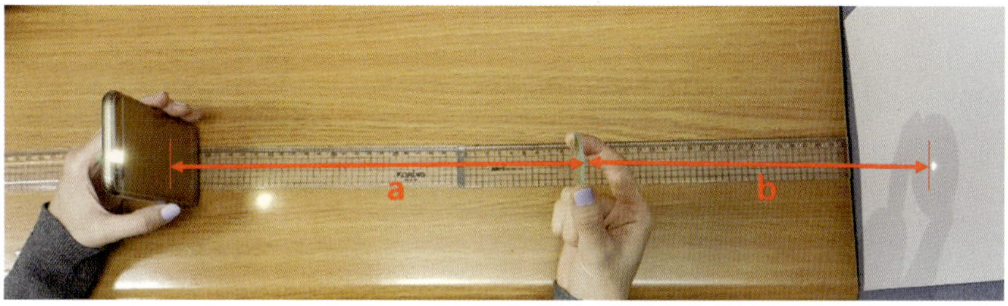

전구, 렌즈, 상 사이의 거리

→ 대물렌즈: a=52cm, b=38cm
→ 접안렌즈: a=20cm, b=40cm

2) 다음 공식을 활용하여 대물렌즈와 접안렌즈의 초점거리를 계산한다.

계산 과정

$$\frac{1}{f} = \frac{1}{a} + \frac{1}{b}$$
$$f = \frac{a \times b}{a + b}$$

(f: 렌즈의 초점거리, a: 물체에서 렌즈까지의 거리, b: 렌즈에서 상까지의 거리)

✓ 대물렌즈의 초점거리:

$a = 52cm, b = 38cm$
$$\frac{1}{52} + \frac{1}{38} = \frac{1}{f}$$
$f =$ 약 $22cm$

✓ 접안렌즈의 초점거리:

$a = 20cm, b = 40cm$
$$\frac{1}{20} + \frac{1}{40} = \frac{1}{f}$$
$f =$ 약 $13cm$

3) 이 렌즈를 사용하여 망원경을 만들기 위한 대략적인 경통의 길이는 얼마인지 구해보자.

계산 과정

✓ 대물렌즈의 초점거리: 약 22cm

✓ 접안렌즈의 초점거리: 약 13cm

22+13=35cm이므로, 경통의 길이는 최소 35cm 이상이어야 한다.

2 간이 굴절 망원경을 제작해 보자.

3 간이 굴절 망원경을 이용하여 물체를 관측해보자.

※ 직접 제작한 간이 굴절 망원경으로 관측하는 활동을 통해 **✓ 접안렌즈의 종류에 따른 상의 형태를 학습할 수 있다.** 접안렌즈로 볼록렌즈를 사용한 케플러식 굴절 망원경의 경우 도립상을 확인할 수 있다.

1) 간이 망원경을 이용해 멀리 있는 물체를 관측한다. 접안렌즈가 있는 안쪽 골판지를 상이 선명해질 때까지 움직여 초점을 맞춘다.

간이 굴절 망원경을 이용한 관측

2) 맨눈으로 보이는 상과 망원경을 통해 보이는 상을 스케치하자.

〈맨눈〉

〈망원경〉

3) 상이 어떻게 보이는가? 그렇게 보이는 이유는 무엇일까? 망원경의 구조를 통해 설명해보자.

두 개의 볼록 렌즈를 사용하여 상하좌우가 반대인 도립상으로 관측된다.

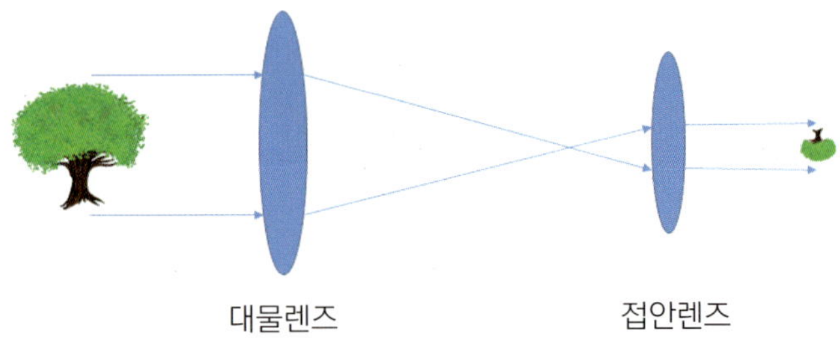

2.3. 망원경의 성능

망원경의 성능을 나타내는 요소는 배율, 집광력, 분해능 등이 있다. 주간에 망원경을 사용하여 물체를 관측하는 것에 비해, 천체를 관측하는 경우에는 야간에 극히 적은 양의 빛을 관측하므로, 망원경의 배율은 무조건 높이기보다 관측하려는 천체의 특성에 알맞은 배율을 선택하는 것이 중요하다. 배율을 제외한 나머지 요소들은 망원경의 구경의 크기와 밀접한 관련이 있다. 망원경의 구경의 크기가 클수록 집광력과 분해능이 좋아진다. 즉, 다른 모든 조건이 동일하다면 구경이 큰 망원경은 구경이 작은 망원경보다 성능이 우수하다고 볼 수 있다.

2.3.1. 배율

망원경의 배율은 관측 대상을 얼마나 확대해서 볼 수 있는지를 나타낸다. 망원경의 배율은 대물렌즈의 초점거리가 길수록 크고, 접안렌즈의 초점거리가 짧을수록 크다. 즉, 망원경이 정해지면 대물렌즈의 초점거리는 정해지는 것이므로, 배율을 높이려면 짧은 초점거리의 접안렌즈를 사용하면 된다. 즉,

$$\text{배율} = \frac{\text{대물렌즈의 초점거리}}{\text{접안렌즈의 초점거리}}$$

하지만 배율을 무작정 높인다고 선명한 상을 얻을 수 있는 것은 아니다. 망원경의 배율이 높아질수록, 상의 크기가 크게 보이고, 화면이 어두워지기 때문이다. [그림 2-3-1]과 같이 동일한 구경일 때, 원 안에 들어오는 광자의 개수는 A가 B에 비해 더 많다. 즉, 배율이 높을수록 시야 안에 들어오는 광자(빛)의 양이 줄어들어 상이 더 어둡게 보이는 것이다.

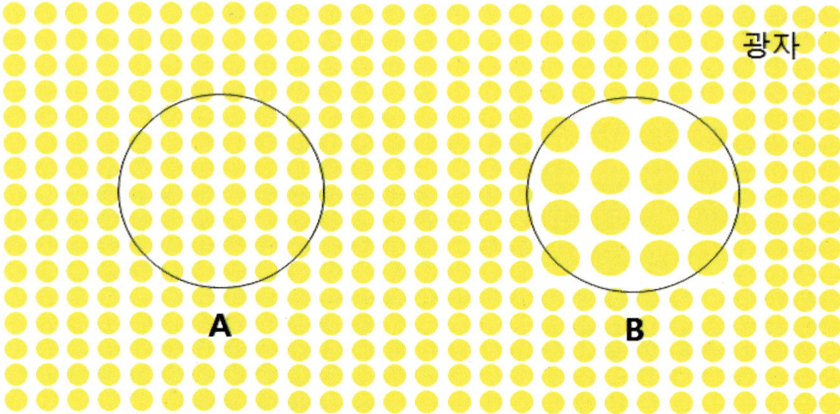

그림 2-3-1 망원경의 배율과 입사 광자수

망원경의 배율은 무조건 높을수록 좋은 것이 아니라 관측하고자 하는 천체의 특성에 알맞은 배율을 선택해서 관측하는 것이 중요하다. 고배율의 관측이 필요한 경우는 행성의 표면 구조, 이중성을 관측하는 경우이다. 배율이 높아지면, 시야가 좁아지고, 상이 어두워져서 어두운 별을 관측하기 어려우며 대기의 기류 현상에 의한 영향으로 선명한 관측이 어려워진다. 하지만 가까이 있는 행성과 같은 천체는 충분히 밝기 때문에 표면을 관측하기 위해서는 배율이 높고 상이 어두운 고배율의 관측이 유리하다. 비교적 가까운 거리에 있는 달, 태양계 행성 등이 그러하다. 반대로 성운, 성단 관측과 같이 저배율의 관측이 필요한 경우도 있다.

2.3.2. 집광력

망원경의 집광력은 빛을 모으는 능력을 의미하며, 망원경의 구경이 클수록 집광력이 높아진다. 망원경의 구경의 제곱에 비례한다.

$$\text{집광력} \propto (\text{망원경의 구경})^2$$

즉, 다른 조건이 같다면 망원경의 구경이 큰 망원경이 더 빛을 모을 수 있는 면적이 넓으므로 집광력이 좋고, 따라서 어두운 천체를 더 잘 관측할 수 있다. [그림 2-3-2]와 같이 구경의 크기가 클수록, 입사하는 광자의 개수가 많으므로 더 밝은 상을 얻을 수 있다.

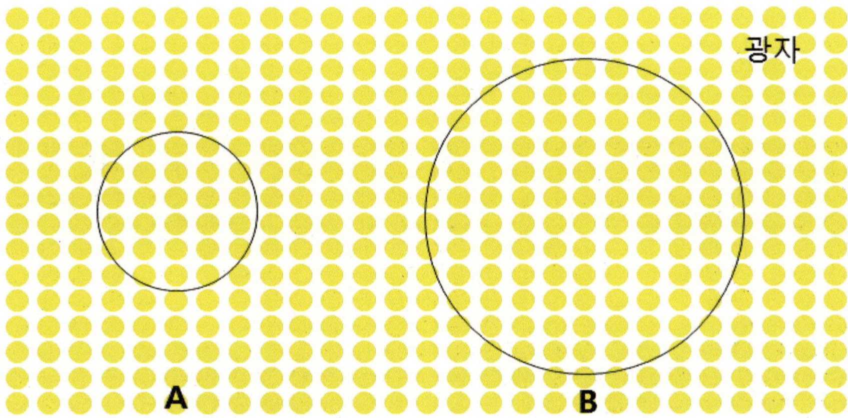

그림 2-3-2 구경의 크기와 입사 광자수

예를 들어, 우리 눈의 동공의 직경(약 5mm)의 10배인 구경이 50mm인 망원경의 집광력은 우리 눈의 집광력의 100배이다. 즉, 이 망원경을 사용하면 육안으로 관측할 때보다 100배 더 어두운 천체를 관측할 수 있는 것이다. 별의 밝기를 등급으로 생각해 보면, 1등성의 별과 6등성의 별의 밝기는 약 100배 차이가 난다. 다시 말해 육안으로는 한계등급인 6등성까지 볼 수 있다면, 이 망원경을 이용하면 11등성의 별까지 관측할 수 있게 되는 것이다.

2.3.3. 분해능

망원경의 분해능은 천체를 분해해서 볼 수 있는 능력을 의미하며, 최소 분해각이 작을수록 더 작은 각을 분해해서 볼 수 있음을 의미하므로 분해능은 최소분해각의 역수로 나타낸다. 망원경의 분해능은 관측 파장과 구경의 크기에 의해 결정된다.

$$\frac{1}{\theta} \approx \frac{D}{\lambda}$$

(θ: 최소분해각, λ: 관측파장, D: 망원경의 구경)

아래 그림은 망원경의 구경의 크기별 은하의 관측 결과를 나타낸 것이다. 망원경의 구경이 클수록 관측 결과가 어떻게 달라지는지 설명해보자. 다른 조건이 같다면, 망원경의 구경이 큰 망원경이 더 선명하게 보이며, 떨어진 두 천체를 분리해서 관측할 수 있다.

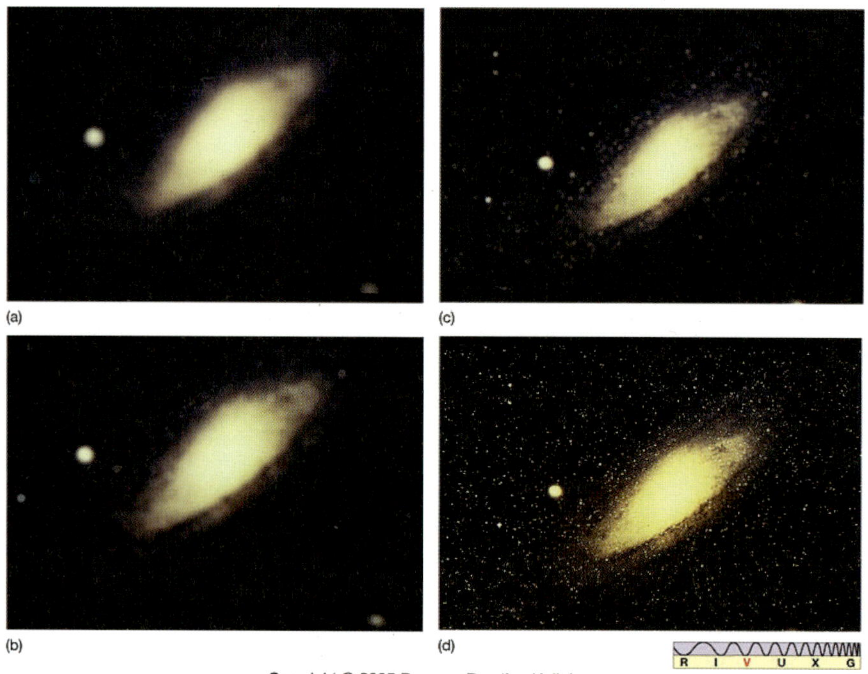

그림 2-3-3 망원경의 구경에 따른 분해능

출처: Chaisson, E., & McMillan, S. (2008). Astronomy today, San Francisco, CA: Pearson/Addison Wesley.

굴절 망원경의 경우 수차(Aberration)가 발생하는데, 수차가 없다고 가정한다면 분해능은 구경이 클수록 좋다. 하지만 실제로는 수차가 있으므로, 실제 망원경의 분해능을 결정하기 위해서는 다양한 광학적 요인들을 고려해야 한다.

2.3.4. f비(렌즈의 밝기)

대물렌즈의 크기가 클수록 집광력이 높아지므로 밝기가 밝아진다. 하지만 실제 관측에 있어서 렌즈의 밝기는 초점거리에 따라서도 달라진다. 따라서 망원경의 렌즈의 밝기는 f비라는 값으로 나타낼 수 있다.

$$f\text{비} = \frac{f}{D}$$

(f: 초점거리, D: 구경의 크기)

f비가 작을수록 초점거리에 비해 구경이 큰 것이므로, 렌즈의 밝기가 밝아진다. 즉, 밝은 망원경이다. 하지만 망원경의 구경을 무작정 크게 만들 수 없으므로, 보통 굴절 망원경의 경우 f비가 7~8인 것을 주로 사용하며, 사진 관측 시에는 좀 더 낮은 f비의 망원경을 사용하기도 한다.

활동지

망원경의 성능

학습 목표

1. 망원경의 성능을 나타내는 요소가 무엇인지 설명할 수 있다.
2. 관측하려는 천체에 적합한 배율을 선택할 수 있다.
3. 망원경의 구경과 집광력, 분해능의 관계를 설명할 수 있다.

1 망원경의 배율

망원경의 배율은 관측 대상을 얼마나 확대해서 볼 수 있는지를 나타낸다.

$$배율 = \frac{대물렌즈의\ 초점거리}{접안렌즈의\ 초점거리}$$

생각해보기

1) 배율을 높여가며 나무를 관측할 경우 상이 어떻게 보이는지 설명해보자.

배율이 높아질수록, 상(나무)의 크기가 크게 보이고, 화면이 어두워진다.

2) 다음 그림 중 배율이 높은 것이 어떤 것인지 쓰고, 배율이 높을 경우 상이 어떻게 달라지는지 설명해보자.

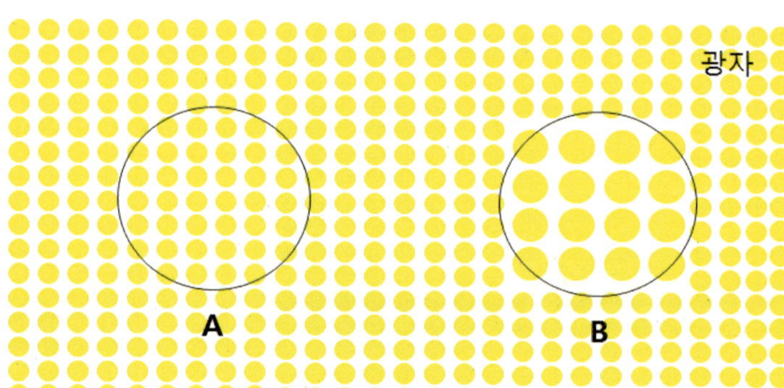

B가 배율이 더 높다. 배율이 높으면, 시야 안에 들어오는 광자(빛)의 양이 줄어들어 상이 더 어둡게 보인다.

3) 토성을 200배, 50배 확대하여 관측할 때, 어떤 배율로 관측할 경우 더 밝은 토성을 볼 수 있을지 그 이유도 함께 생각해보자.

200배로 관측한 경우 토성이 더 어둡게 보인다. 더 확대된 만큼 시야에 들어오는 빛의 양이 더 적기 때문이다.

더 생각해보기

망원경의 배율은 무조건 높일수록 좋은 것이 아니라 관측하고자 하는 천체의 특성에 알맞은 배율을 선택해서 관측하는 것이 중요하다. 고배율의 관측이 필요한 것은 어떤 경우일까? 그 이유와 함께 설명해 보자.

고배율의 관측이 필요한 경우는 행성의 내부 구조 관측, 이중성을 관측하는 경우이다. 배율이 높아지면, 시야가 좁아지고, 상이 어두워져서 어두운 별을 관측하기 어려우며 대기의 기류 현상에 의한 영향으로 선명한 관측이 어려워진다. 하지만 가까이 있는 행성과 같은 천체는 충분히 밝기 때문에 표면을 관측하기 위해서는 배율이 높고 상이 어두운 고배율의 관측이 유리하다.

2 집광력

망원경의 집광력은 빛을 모으는 능력을 의미하므로 망원경의 구경이 클수록 집광력이 높아진다.

$$\text{집광력} \propto (\text{망원경의 구경})^2$$

▎생각해보기

1) 다음 그림에서 각각의 원 안에 들어오는 광자의 개수를 세어보자.

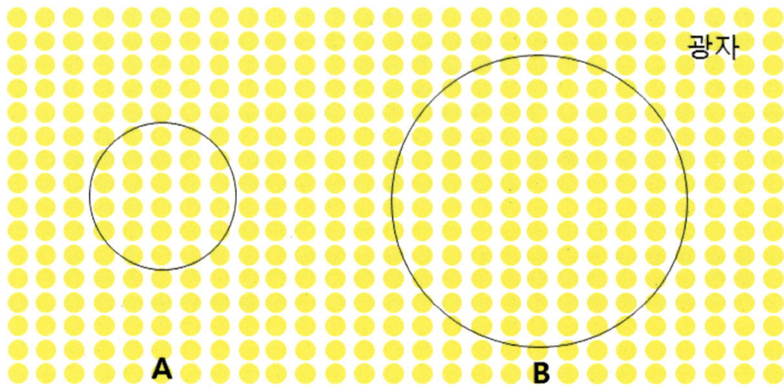

A:(　　)개　　　　B:(　　)개

2) 구경이 큰 망원경과 구경이 작은 망원경 중 어두운 천체를 더 잘 관측할 수 있는 망원경은 무엇인지 이유도 함께 생각해보자.

> 다른 조건이 같다면, 망원경의 구경이 큰 망원경이 더 빛을 모을 수 있는 면적이 넓으므로 집광력이 좋고, 따라서 어두운 천체를 더 잘 관측할 수 있다.

3 분해능

망원경의 분해능은 천체를 분해해서 볼 수 있는 능력을 의미하며, 최소분해각이 작을수록 더 작은 각을 분해해서 볼 수 있음을 의미하므로 분해능은 최소분해각의 역수로 나타낸다. 망원경의 분해능은 관측 파장과 구경의 크기에 의해 결정된다.

$$\frac{1}{\theta} \approx \frac{\lambda}{D}$$ (θ: 최소분해각, λ: 관측파장, D: 망원경의 구경)

생각해보기

다음은 망원경의 구경의 크기별 은하의 관측 결과를 나타낸 것이다. 망원경의 구경이 클수록 관측 결과가 어떻게 달라지는지 설명해보자.

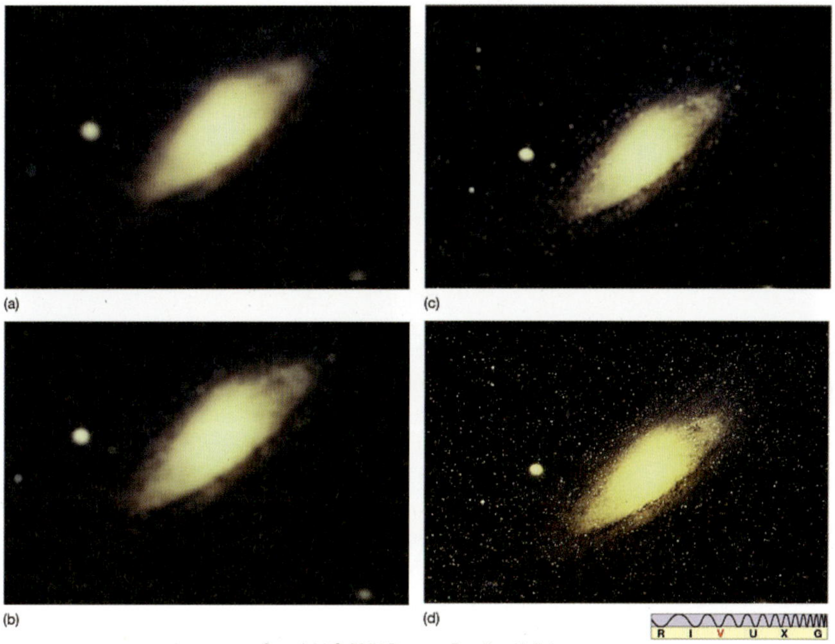

출처: Chaisson, E., & McMillan, S. (2008). Astronomy today, San Francisco, CA: Pearson/Addison Wesley.

다른 조건이 같다면, 망원경의 구경이 큰 망원경이 더 선명하게 보이며, 떨어진 두 천체를 분리해서 관측할 수 있다.

2.4. 광학 망원경의 구조와 역할

천체 관측을 위한 광학 망원경은 경통, 가대, 삼각대, 무게추, 보조 망원경, 접안렌즈, 대물렌즈 등으로 이루어져 있다. **경통**은 빛이 지나가는 통로이며 망원경에서 접안렌즈와 대물렌즈를 연결하는 둥근 통이다. **가대**는 망원경으로 천체를 찾을 때 천체의 방향으로 움직이게 하는 장치이다. 삼각대와 경통을 이어준다. 가대는 삼각대 위에 설치하며 가대 위에 경통을 설치한다. 가대에 있는 적위축 잠금장치, 적경축 잠금장치를 풀어 가대를 천체의 방향으로 움직이도록 하며, 천체를 찾은 후에는 잠금장치를 잠가 방향을 고정시킨다. **무게추**는 경통과의 무게균형을 맞추는 역할을 한다. 망원경의 전체적인 균형을 잡을 수 있도록 한다. **삼각대**는 망원경을 세우고 고정하며 지지대 역할을 한다. 따라서 삼각대는 튼튼해야 한다. 그렇지 않으면 천체를 관측할 때 안정적으로 관측하기가 힘들다. **대물렌즈**는 망원경에서 물체에 가까운 쪽에 있는 렌즈를 말한다. 빛을 모아주는 역할을 하여 천체를 관측할 수 있도록 한다. 천체로부터 나온 빛은 대물렌즈를 통과한 후 경통 안으로 들어오게 된다. 대물렌즈에서는 천체의 빛을 모아(집광) 천체의 상이 맺히도록 한다. 대물렌즈의 구경에 따라서 망원경의 분해능이나 집광력이 좌우된다. **접안렌즈**는 망원경으로 들어온 상을 우리의 눈으로 직접 볼 수 있게 해주는 렌즈이다. 경통에 끼우도록 되어 있다. 접안렌즈의 배율에 따라서 사물의 확대 정도가 결정된다. **초점조절나사**는 천체를 볼 때 상의 초점을 맞추기 위해 사용된다. 이 나사를 움직여 초점을 맞춘다. **보조 망원경**은 파인더라고도 한다. 천체를 찾기 위해 사용하는 장비이다. 주 망원경보다 시야가 넓기 때문에 천체를 찾을 때 용이하다. 보조 망원경을 이용하기 위해서는 주 망원경과 같은 곳을 바라보도록 정렬을 해야 한다.

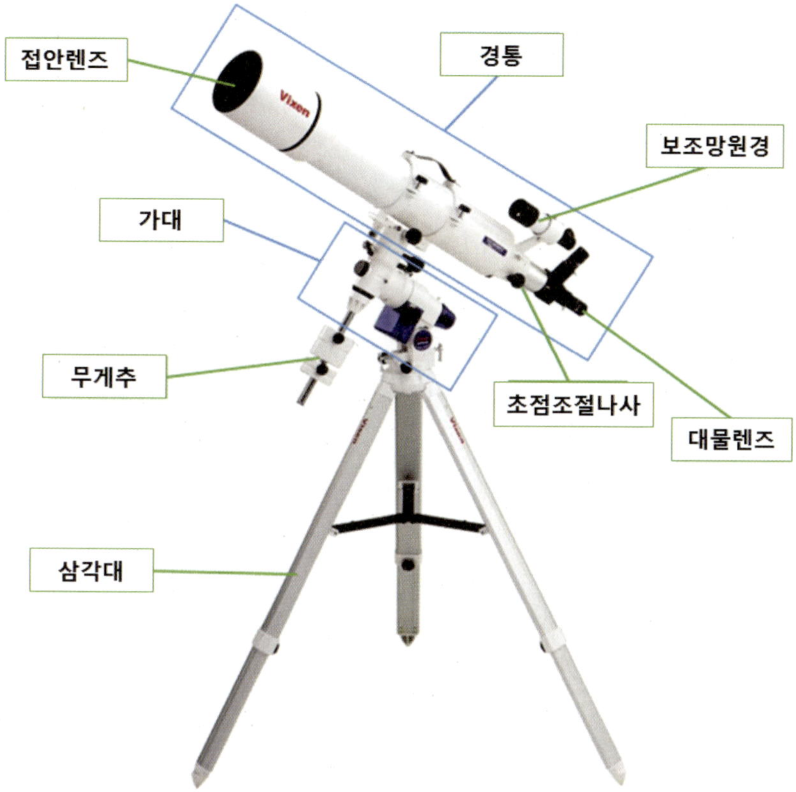

그림 2-4-1 광학 굴절 망원경의 구조와 명칭

활동지

광학 망원경의 구조와 역할

학습 목표

망원경의 구조 및 각 부위의 명칭과 역할을 설명할 수 있다.

준비물

적도의식 망원경

1 다음은 천체 망원경 중 하나인 광학 망원경의 구조를 나타낸 것이다. 각 부위는 어떠한 역할을 하는지 생각해보자.

※ 망원경의 각 부위에 대한 설명을 제공하기 전에 학생들이 망원경의 사진만 보고 각 부위가 무슨 역할을 할 수 있을지 추측해보고 자신이 추측한 내용을 말로 이야기하여 친구들과 공유하도록 유도한다. 학생들이 다양한 의견을 나눈 후, 교사가 망원경 각 부위의 명칭과 역할을 소개한다. 학생들이 학습지에 내용을 적으며 망원경의 구조와 명칭, 그 역할을 익히도록 한다.

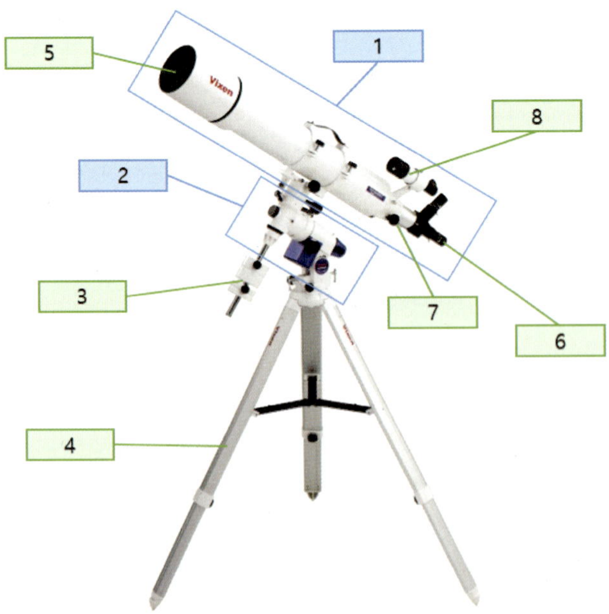

2 광학 망원경의 각 부위의 이름은 무엇이고, 어떠한 역할을 하는지 정리해보자.

※ 학생들이 망원경 각 부위의 명칭과 역할을 단순히 암기하려 하지 않도록 한다. 역할에 대해 생각하며 적을 수 있도록 한다.

번호	이름	역할
1	경통	빛이 지나가는 통로이며 망원경에서 접안렌즈와 대물렌즈를 연결하는 둥근 통이다.
2	가대	망원경으로 천체를 찾을 때 천체의 방향으로 움직이게 하는 장치이다. 삼각대와 경통을 이어준다. 가대는 삼각대 위에 설치하며 가대 위에 경통을 설치한다. 가대에 있는 적위축 잠금장치, 적경축 잠금장치를 풀어 가대를 천체의 방향으로 움직이도록 하며, 천체를 찾은 후에는 잠금장치를 잠가 방향을 고정시킨다.
3	무게추	경통과의 무게균형을 맞추는 역할을 한다. 망원경의 전체적인 균형을 잡을 수 있도록 한다.
4	삼각대	망원경을 세우고 고정하며 지지대 역할을 한다. 따라서 삼각대는 튼튼해야 한다. 그렇지 않으면 천체를 관측할 때 안정적으로 관측하기가 힘들다.
5	대물렌즈	망원경에서 물체에 가까운 쪽에 있는 렌즈를 말한다. 빛을 모아주는 역할을 하여 천체를 관측할 수 있도록 한다. 천체로부터 나온 빛은 대물렌즈를 통과한 후 경통 안으로 들어오게 된다. 대물렌즈에서는 천체의 빛을 모아(집광) 천체의 상이 맺도록 한다. 대물렌즈의 구경에 따라서 망원경의 분해능이나 집광력이 좌우된다.
6	접안렌즈	망원경으로 들어온 상을 우리의 눈으로 직접 볼 수 있게 해주는 렌즈이다. 경통에 끼우도록 되어 있다. 접안렌즈의 배율에 따라서 사물의 확대 정도가 결정된다.
7	초점조절나사	천체를 볼 때 상의 초점을 맞추기 위해 사용된다. 이 나사를 움직여 초점을 맞춘다.
8	보조 망원경	보조 망원경 또는 파인더라고도 한다. 천체를 찾기 위해 사용하는 장비이다. 주 망원경보다 시야가 넓기 때문에 천체를 찾을 때 용이하다. 보조 망원경을 이용하기 위해서는 주 망원경과 같은 곳을 바라보도록 정렬을 해야 한다.

2.5. 천체 망원경의 설치

적도의식 망원경을 설치하는 방법은 다음과 같다. 첫째, 삼각대를 설치한다(단, 망원경 코를 북쪽으로 향하게 한다). 다리의 길이를 조정하여 적당한 높이가 되도록 만든다. 코가 나와 있는데 그 부분이 북쪽으로 가도록 놓는다(낮에는 나침반을 이용하고 밤에는 북극성을 이용한다).

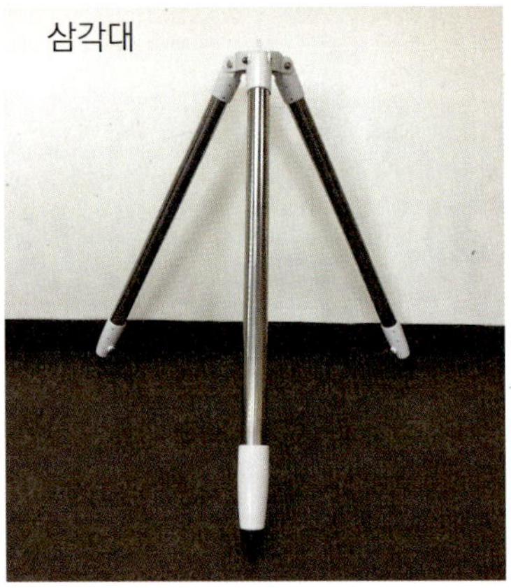

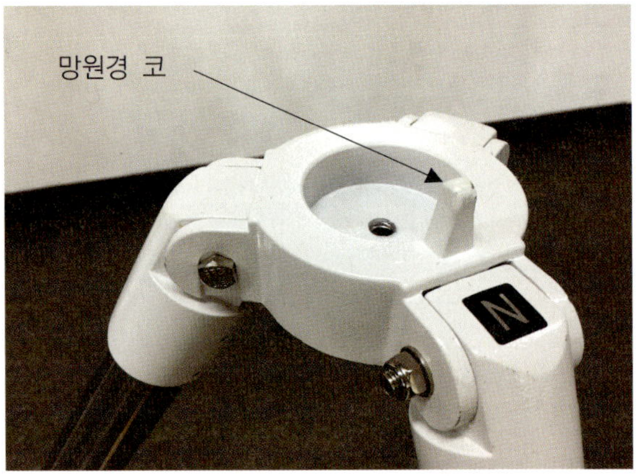

둘째, 적도의식 가대를 삼각대 위에 올려놓는다. 적도의의 아랫부분에 방위각 조절 나사가 두 개 있는데 이 두 나사 사이의 틈을 충분히 벌린 다음 삼각대의 코에 끼워 넣는다.

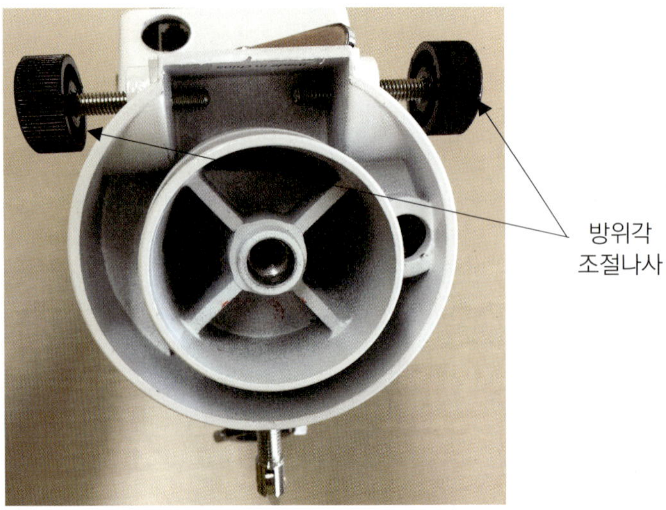

셋째, 적도의 고정나사를 잠가 삼각대를 고정시킨다. 그리고 방위각 조절나사를 잠근다.

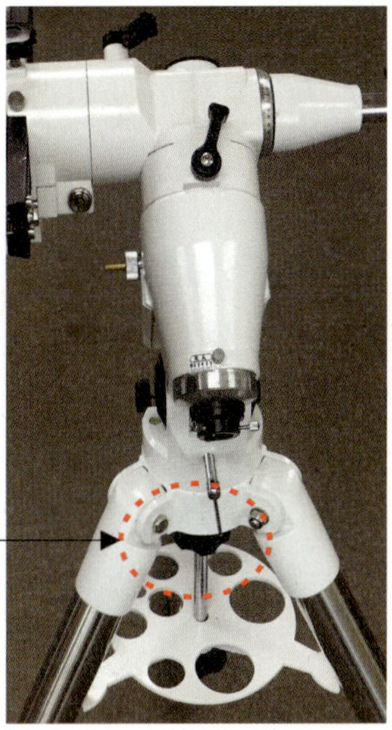

① 고정나사를 잠근다.

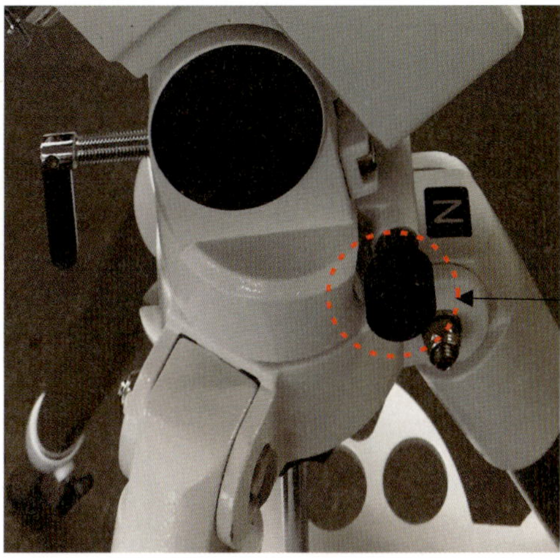

② 방위각 조절나사를 잠근다.

넷째, 적도의에 추봉을 단다. 추봉 끝에 있는 잠금 나사를 푼 후 추를 끼워 넣고 나사를 잠가 추를 추봉에 고정시킨다. (단, 추를 끼우거나 뺄 때는 반드시 떨어뜨리지 않도록 주의한다. 추가 떨어지게 되면 발을 크게 다친다.)

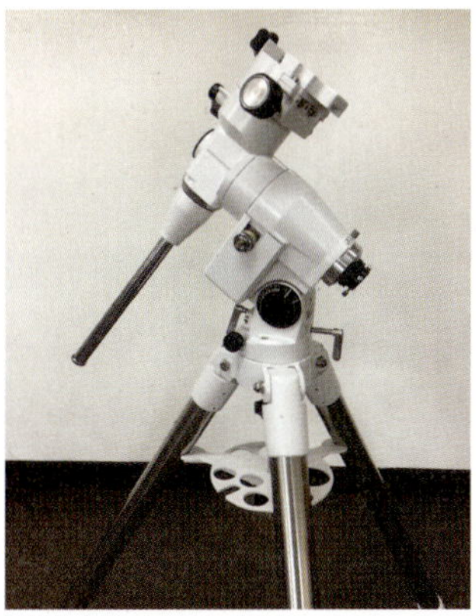

① 잠금 나사를 푼다.

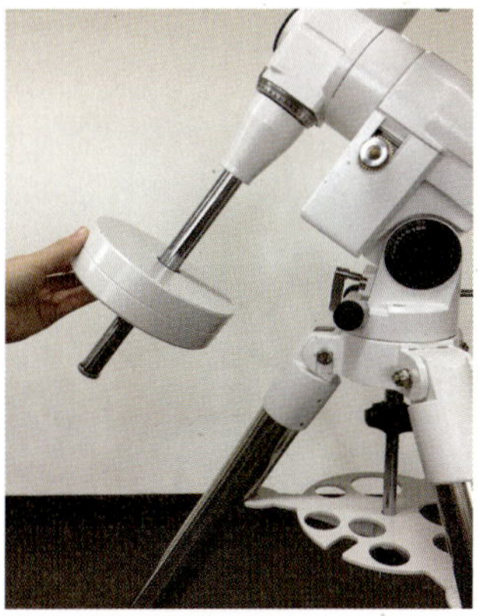

② 추를 끼운다.

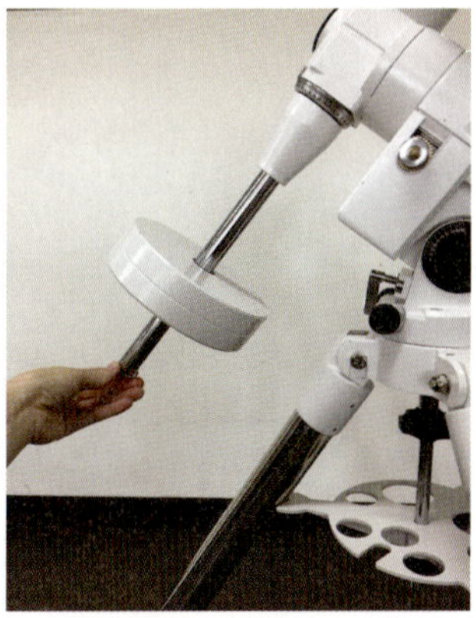

③ 잠금 나사를 잠근다.

다섯째, 경통을 삼각대에 설치한다.

① 경통을 고정시키는 나사가 하늘 쪽으로 향하게 한 후에 경통을 올려놓는다.

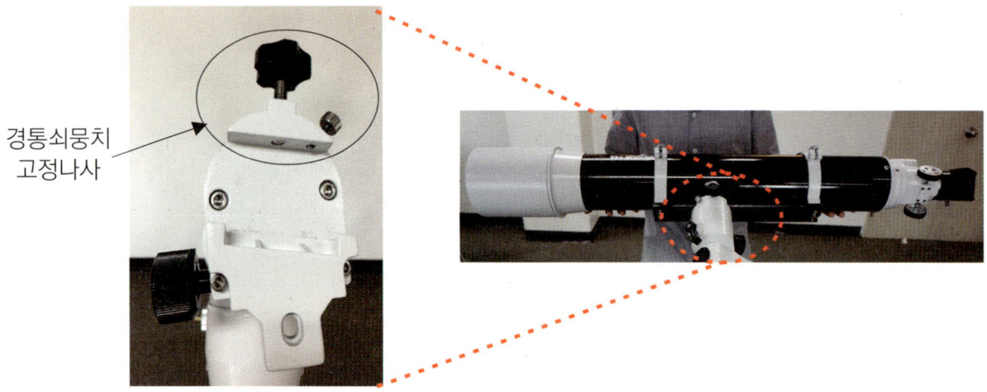

② 나사는 2개가 있는데 큰 것부터 잠그고 작은 것은 나중에 잠근다. (분해할 때는 <u>**반드시 작은 것부터 분해한다**</u>.)

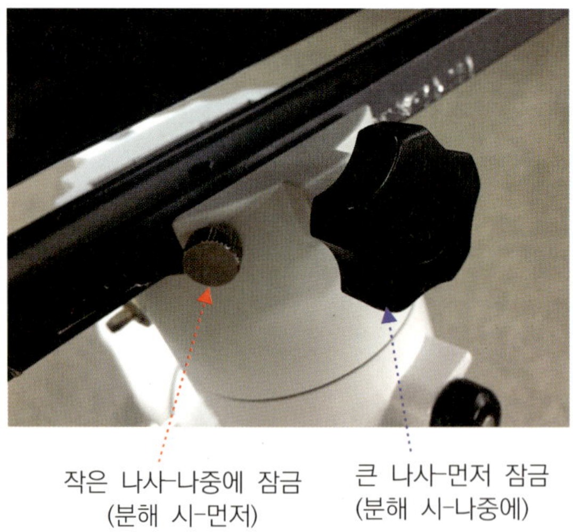

여섯째, 파인더 및 접안렌즈(필요한 경우에 O링, 천정 미러도 함께) 등을 부착한다.

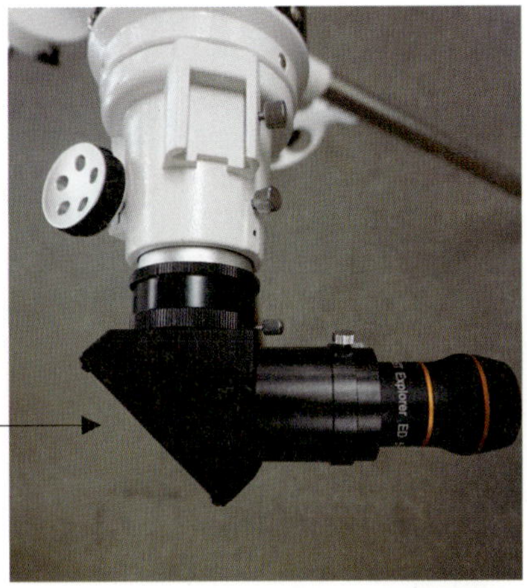

천정미러

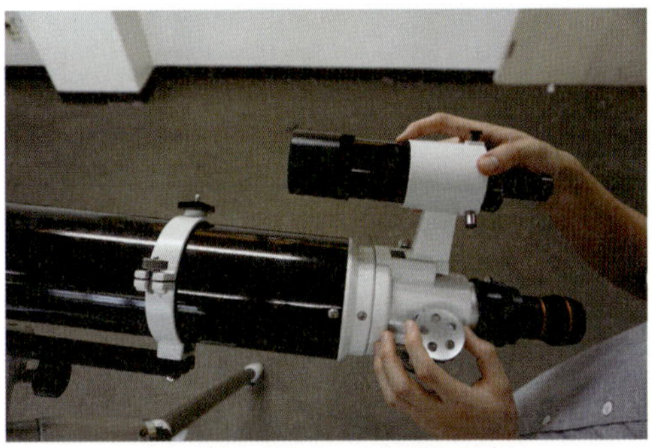

① 파인더를 고정시킨다.

② O링을 연결한다.

③ 접안렌즈를 연결한다.

일곱째, 수평을 맞춘다. 수평수준기의 공기방울이 빨간 원으로 들어오게 한다.

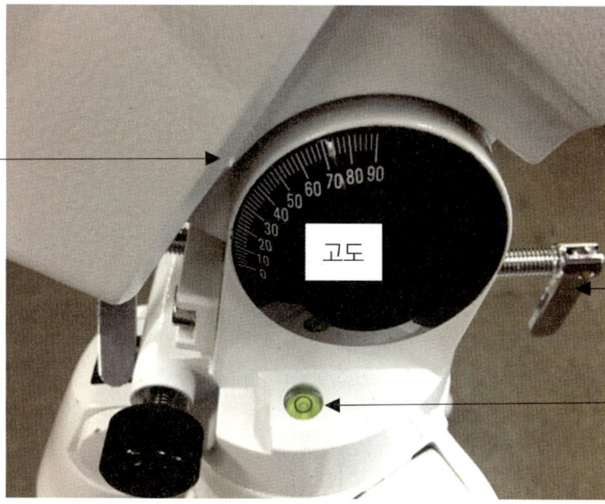

여덟 번째, 북극성의 고도를 맞춘다. 고도조절나사를 사용하여 북극성의 고도를 맞춘다.

- 북극성 고도는 그 관측 지방의 위도다. 예) 서울 37.6°

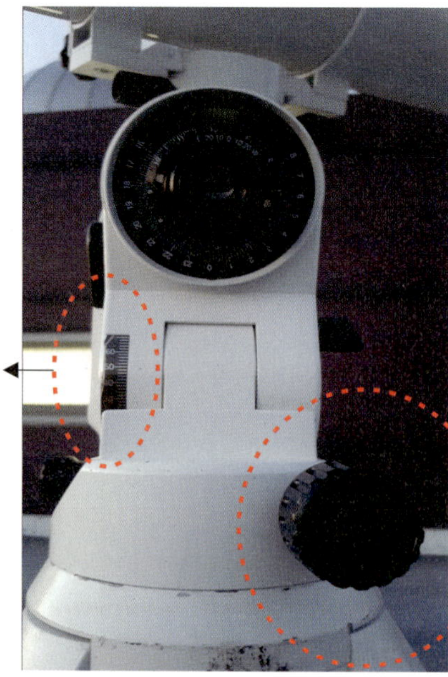

아홉 번째, 망원경의 무게 균형을 맞춘다. 이때, 적경축을 기준으로 한 번, 적위축을 기준으로 한 번, 총 두 번에 걸쳐 균형을 맞춘다.

적경축을 기준으로: 무게 추와 경통 간의 무게 균형 맞추기

① 아래 그림과 같이 경통을 적경축에 수직이 되도록 한 후 적위축 고정나사를 고정시킨다.

② 적경축 고정나사를 풀어 추봉이 수평이 되게 하여 무게 균형을 확인한다.

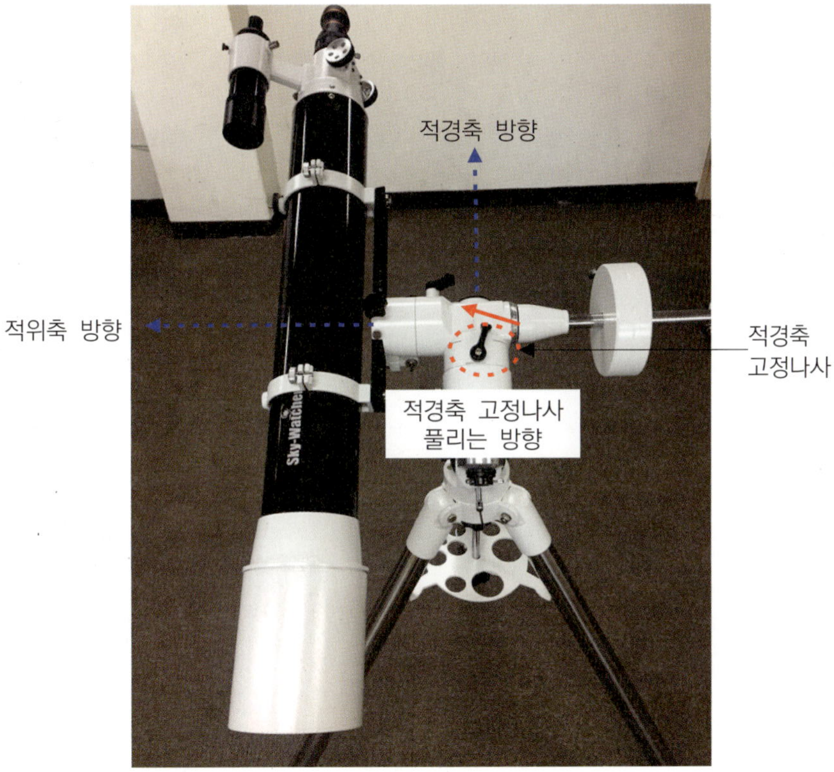

③ 균형이 맞지 않았을 때는 추봉에 있는 추의 위치를 바꾸어 맞추고 만약 경통이 너무 무거우면 추를 더 달도록 한다.

적위축을 기준으로: 경통의 후드부분과 접안부 간의 무게 균형 맞추기

① 추봉을 아래 그림과 같이 지면에 수직이 되게 고정시킨다.
② 적위축 고정나사를 풀고 경통을 움직여 망원경의 균형이 맞는지 확인한다.
③ 균형이 맞지 않았을 때는 경통 조임 밴드에 붙어 있는 나사를 푼 후 경통을 가벼운 쪽으로 이동시켜 균형을 맞추고 나사를 조이면 된다.

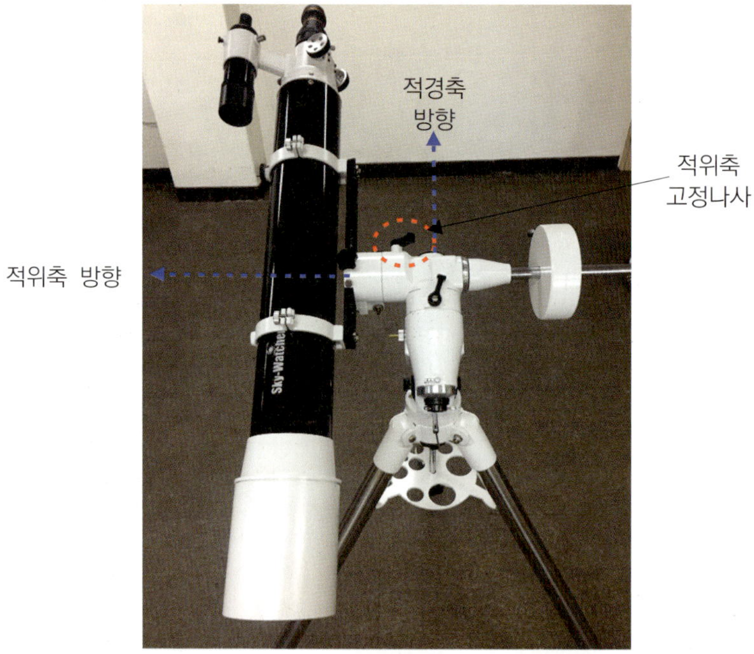

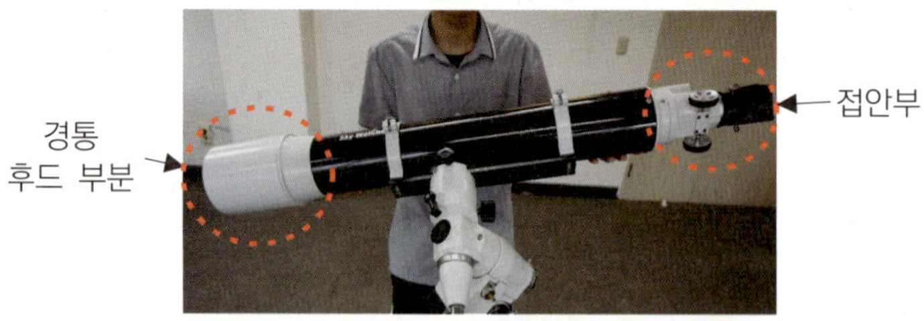

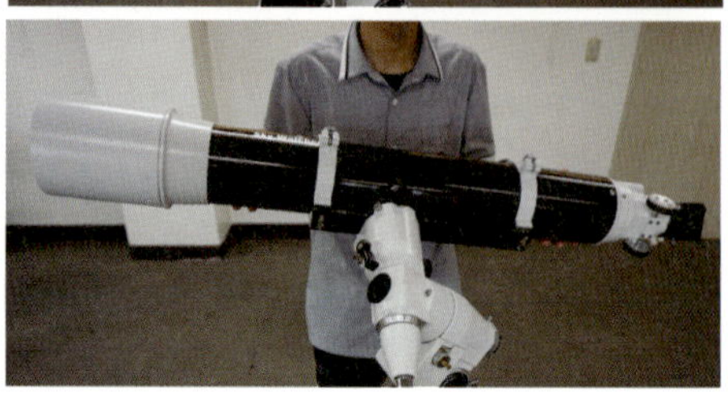

열 번째, 극축 맞추기를 한다. 극축 맞추기란 망원경의 극축을 지구 자전축과 평행하게 맞추는 작업이다.

열한 번째, 파인더 정렬을 한다. 파인더 정렬이란 주 망원경이 보는 곳과 파인더가 보는 곳을 일치시키는 작업이다.

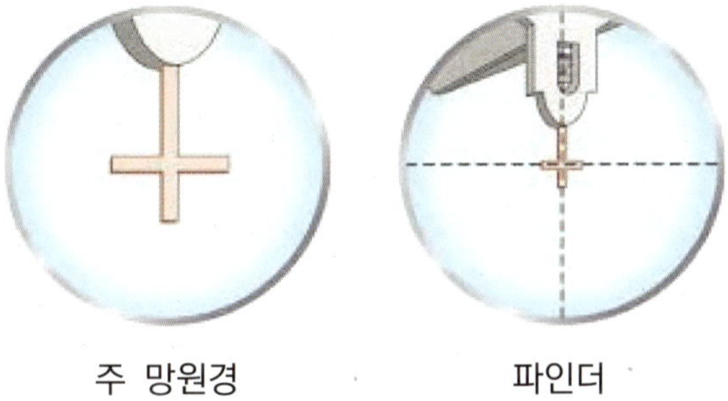

① 멀리 있는 물체를 주 망원경 시야의 중앙에 위치시켜 초점을 맞춘다(이때 접안렌즈는 저배율로 장착해 놓고서 파인더를 정렬하는 것이 편리하다).
② 주 망원경의 시야 중앙에 들어온 부분이 파인더 안의 십자가 중심에 오도록 파인더를 조정한다(파인더에 붙어 있는 세 개의 나사를 이용한다).
③ 파인더의 상, 주 망원경의 상의 방향을 확인한다.

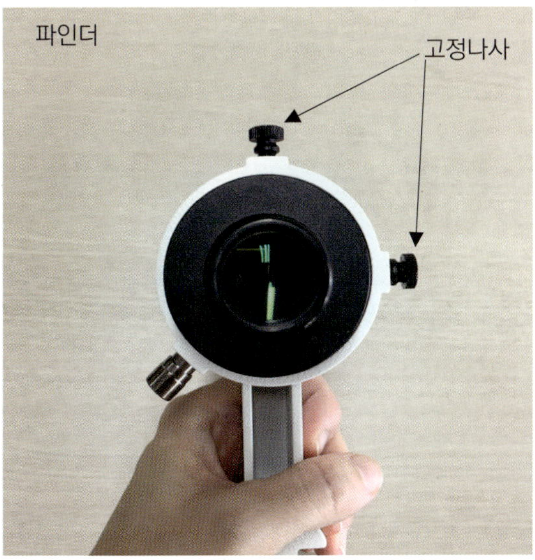

망원경 설치 순서 요약

① 평평한 곳에 삼각대를 설치한다. (일반적으로 삼각대에 N이라고 표시된 부분이나, 볼록 튀어나온 망원경의 코를 대략 북쪽을 향하도록 한다.)
② 삼각대에 적도의를 연결하여 고정시킨다.
③ 적도의에 추봉을 설치한다.
④ 경통을 삼각대에 설치한다.
⑤ 파인더 및 접안렌즈 등을 부착한다.
⑥ 수평을 맞춘다.
⑦ 북극성의 고도를 맞춘다.
⑧ 망원경의 무게 균형을 맞춘다.
⑨ 극축 망원경을 이용하여 극축을 맞춘다.
⑩ 파인더를 정렬한다.

체크리스트

▹ 삼각대가 끝까지 잘 펴져 있는가? 단단히 조여져 있는가?
▹ 가대의 방향이 올바르게 설치되어 있는가?
▹ 경통의 앞뒤 균형이 잘 맞는가?
▹ 경통과 무게추 간의 균형이 잘 맞는가?
▹ 파인더의 중심과 접안렌즈 상의 중심이 일치하는가?
▹ 멀리 있는 물체에 초점이 잘 맞는가? 너무 가까운 물체에 초점을 맞추진 않았는가?

가이드 촬영이 필요한 경우
▹ 극축 망원경에 북극성이 맞춰져 있는가?
▹ 별 정렬(Star Alignment)을 수행하였는가?
▹ GOTO가 정확하게 이루어지는가?

GOTO: 극축 정렬이 완벽하게 되어 있는 상태에서 원하는 천체를 입력한 다음 GOTO를 하면 망원경이 해당 천체로 움직인다.

2.6. 천체 망원경의 조작과 관측

2.6.1. 적도의식 망원경의 구성과 조작법

삼각대는 망원경의 지지대 역할을 하므로 튼튼해야 한다. 그렇지 않으면 특히 천체를 고배율로 관측을 하거나 사진촬영을 할 때 바람이 불거나 주변의 진동이 생기게 되면 상이 시야에서 벗어나거나 사진의 이미지가 흐르는 현상이 일어나게 된다.

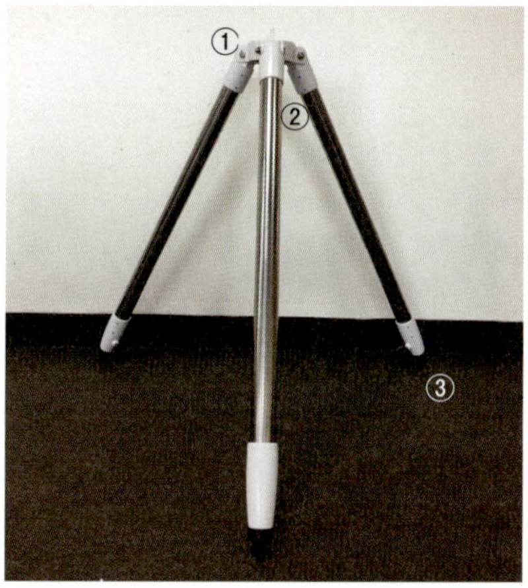

① 적도의 연결부위

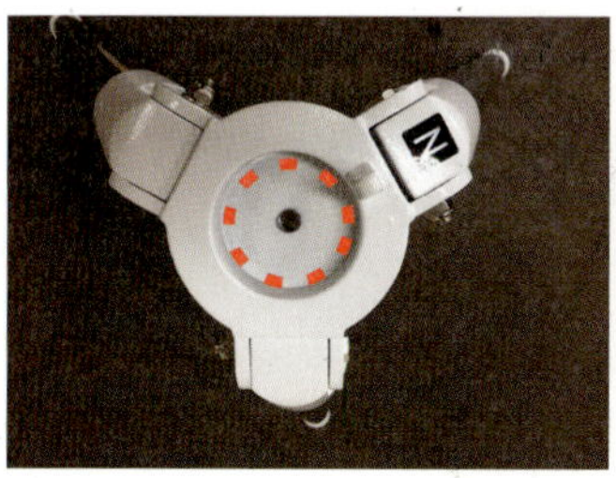

② 적도의 고정나사

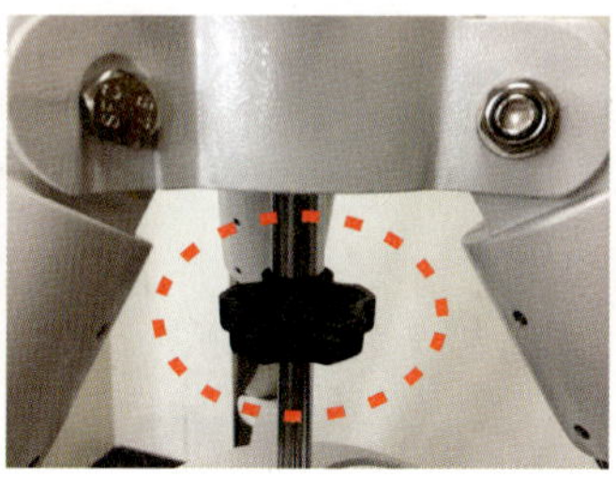

③ 삼각대 다리 고정나사

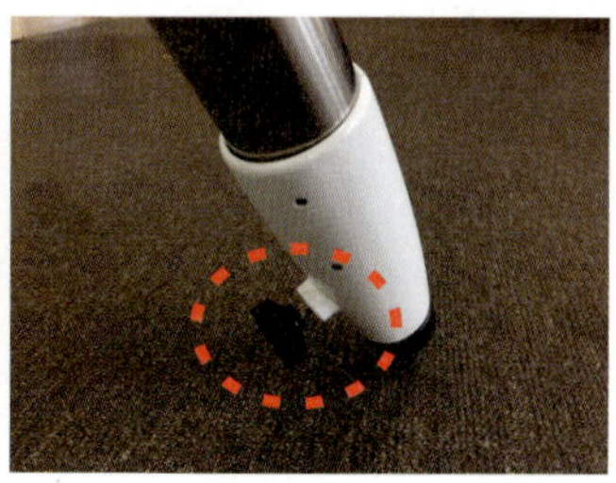

가대는 삼각대 위에 설치하여 망원경으로 천체를 찾을 때 천체의 방향으로 움직이게 하는 장치이다. 적도의식 가대의 경우 적경, 적위축을 기준으로 움직인다.

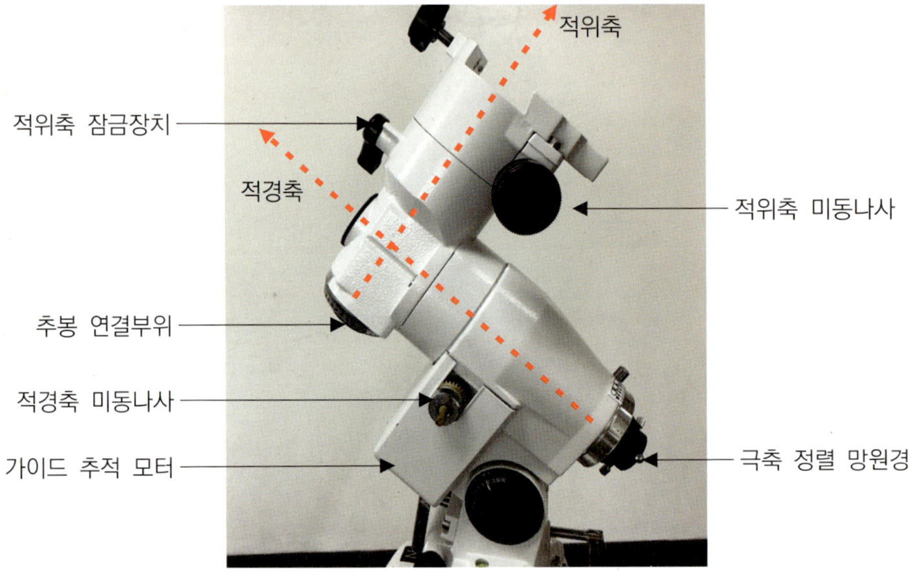

주의할 점

✓ 고정나사들이 충분히 풀려 있는지 확인해야 한다.
✓ 경통을 올려놓고 고정할 때는 이 나사가 하늘을 향하게 한 상태에서 경통을 올려놓고 큰 나사부터 조인다.
✓ 해체할 때는 반드시 작은 나사부터 풀어야 하는데 경통의 무게 때문에 작은 나사가 받는 힘이 커지기 때문에 작은 나사를 나중에 풀게 되면 힘이 많이 들거나 잘 풀리지 않는다. 따라서 반드시 작은 것부터 풀도록 주의한다.

적도의의 맨 상단을 보면 경통을 연결하는 부위가 있다. 경통은 쇠뭉치가 부착되어 있는데 이것을 적도의에 올려놓고 경통 쇠뭉치 고정나사로 고정하면 된다.

적도의는 크게 두 가지 방향의 축(적경축과 적위축)을 가지고 있다. 적경축은 천구의 북극을 맞추도록 하는 축이며 이 축을 정확하게 천구의 북극에 맞추어야 나중에 천체를 오랫동안 가이드할 수 있게 된다. 그러나 장시간 노출을 주는 사진촬영이 아니고는 북극을 대략 맞춰도 된다.

또한 적도의에 이 두 축을 움직이게 하거나 고정시킬 수 있도록 잠금장치가 있다. 사진에 표시된 **적경축 잠금장치**와 **적위축 잠금장치**이다. 그리고 이 두 축을 움직일 수 있는 장치가 또 있는데 그것은 적위축 미동나사, 적경축 미동나사이다. 이 두 나사를 이용하면 적경축, 적위축 잠금장치를 잠가 놓은 상태에서 미세하게 망원경을 조절할 수 있다. 이 나사를 사용하기 위해서는 별도의 밸브를 부착해야 한다.

추봉연결부위는 적위축에 붙어 있으며 추를 다는 곳이다. 이것은 나중에 망원경의 전체적인 균형을 맞출 때 필요하다.

적도의 하단은 삼각대와 연결될 수 있도록 되어 있다. 적도의의 밑면을 보면 삼각대의 적도의 고정나사를 끼우는 곳이 있다. 또한 방위각 조절나사가 두 개가 있는데 이곳의 틈 사이로 삼각대에 있는 삼각대 코를 연결하도록 되어있다. 가끔씩 방위각 조절나사가 꽉 조여져 있어 틈이 생기지 않은 경우가 있는데 이런 상태에서 적도의를 삼각대에 끼우게 되면 방위각 조절나사가 구부러져 망가지니 주의해야 한다. 방위각 조절나사는 나중에 극축 정렬 할 때 쓰인다. 극축 정렬은 적도의를 구입하면 설명서에서 자세하게 다루므로 여기서 생략한다.

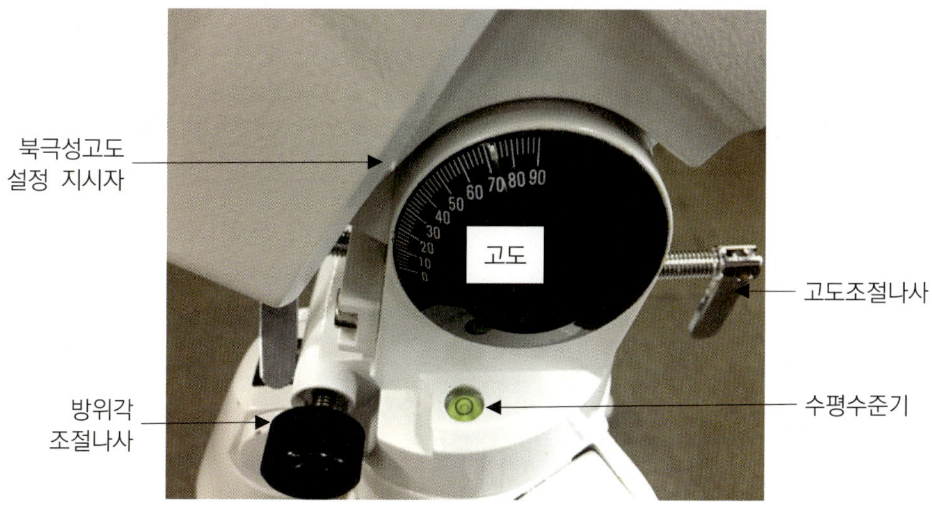

방위각 조절나사와 반대 방향으로 **고도조절나사**가 있다. 이것은 적경축이 천구의 북극을 가리키도록 할 때 쓰인다. 즉 고도맞춤 눈금을 보고 고도조절나사를 움직여 북극성의 고도를 맞추도록 한다. 북극성의 고도는 그 지방의 위도와 같다.

삼각대 하단에 **수평수준기**가 있다. 이것은 물속에 공기방울이 있는 것으로 수평을 맞출 때 사용한다.

굴절 망원경의 경통은 다음과 같다.

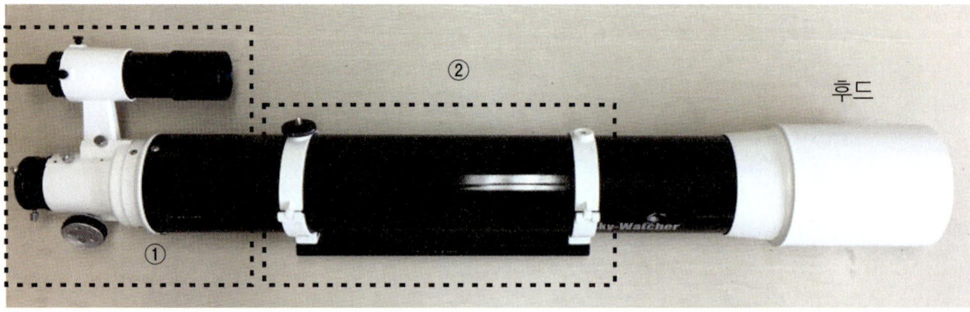

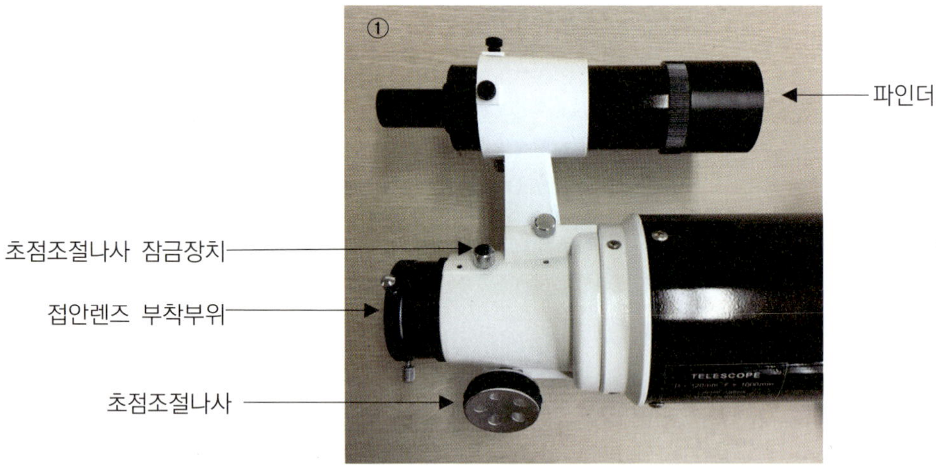

초점조절나사는 상의 초점을 맞출 때 사용하며, 초점조절나사 잠금 장치는 천정 부근의 천체를 볼 때 접안렌즈가 아래 방향으로 밀려 내려오는 것을 방지한다.

파인더는 천체를 찾기 위해 사용하는 장비이다. 따라서 파인더를 장착하면 주 망원경과 같은 곳을 바라보도록 정렬을 해야 한다. 파인더 정렬은 그림에서 파인더 고정나사를 조이거나 풀어서 조정한다.

접안부는 접안렌즈나 카메라를 연결하는 곳이다. 접안부를 들여다보면 안쪽에 나사홈이 패어 있다. 이곳에 접안렌즈 부착 어댑터, 카메라 어댑터, 투영판 어댑터 등을 장착하여 사용하게 되어 있다. 어댑터를 장착하고 접안렌즈(아이피스)나 천정 미러, 카메라 T링 등을 부착하여 사용하면 된다.

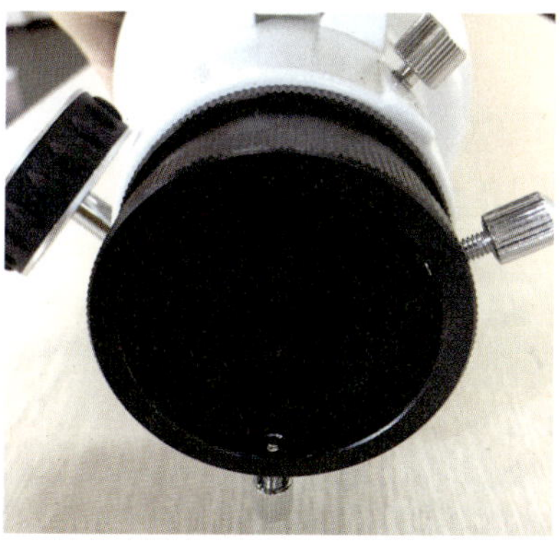
접안렌즈 부착부위

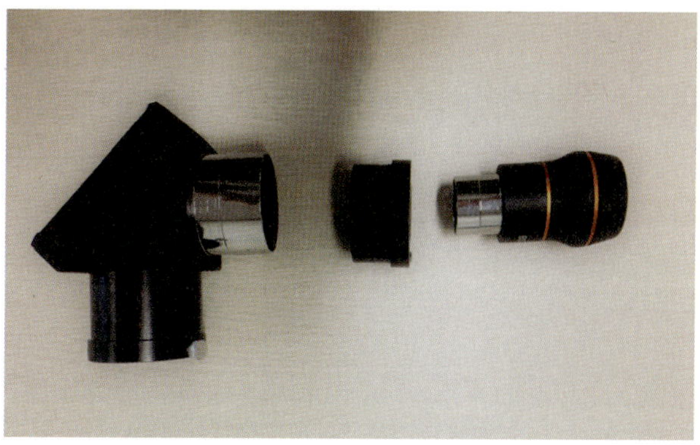
천정미러 어댑터 접안렌즈

경통 밴드는 적도의와 연결시키는 쇠뭉치와 경통 밴드 조임나사가 있다. 쇠뭉치는 적도의를 연결시키는 장치이고 조임나사는 경통을 풀 필요가 있을 때 쓰인다. 즉 이 나사를 풀면 경통을 쇠뭉치에서 분리할 수 있다. 망원경의 균형을 맞출 때 이 나사를 사용하게 된다. 경통의 후드는 이슬을 방지하거나 옆에서 들어오는 주변의 잡광을 차단하는 장치이다.

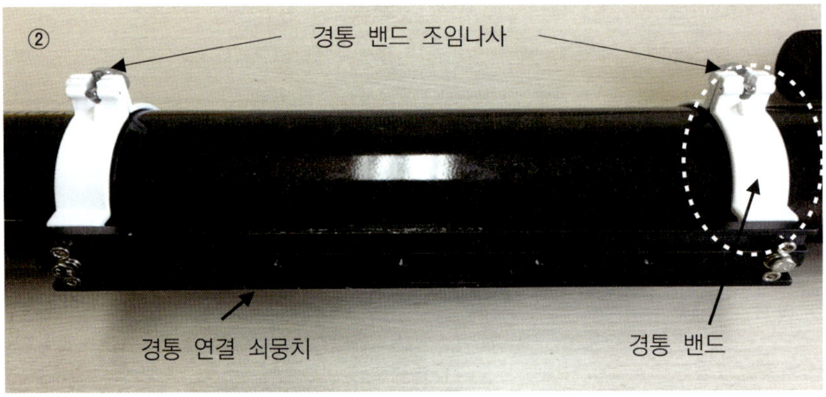

2.6.2. 관측 일지 작성하기

관측 일지를 작성해두면 관측 내용을 체계적으로 정리할 수 있을 뿐만 아니라 추후 관측을 위한 참고 자료로 활용할 수 있다. 관측일지는 자유로운 형식으로 작성하지만 되도록 '관측 시간, 관측 장소, 관측자, 관측 장비, 관측내용(스케치 등)' 등의 내용이 포함되어야 한다. 관측 시 특이사항에는 관측하면서 생긴 궁금증이나 관측하면서 느낀 점 등을 자유롭게 기술할 수 있다.

관측 일지 양식 - 예시

관측 시간	20 년 월 일 시 분 ~ 시 분 (장소:)
날씨	
관측자	
관측 장비	망원경(구경: mm, 아이피스 : mm)
관측내용 (스케치)	

〈특이사항〉

생각해보기

- ✓ 오늘 맨눈으로 관측 가능한 행성, 별, 기타 천체를 찾아보자. 스마트폰이 있다면 어플을 이용하여 오늘 관측 가능한 천체들을 알아본다. 행성, 별, 달을 각각 관측하도록 한다. 행성, 별, 달을 맨눈으로 관측할 때와 망원경으로 육안 관측할 때의 차이점과 왜 그런 차이가 나는지 이유를 생각해보자.
- ✓ 망원경을 이용하여 별, 행성, 달을 관측하였을 때, 각 천체의 특징의 차이는 무엇이 있는지 생각해보자.
- ✓ 망원경을 이용하여 별, 행성, 달을 관측하였을 때, 크기의 차이는 어떠한가? 왜 그렇게 관측되는지 생각해보자.

Chapter

3

카메라 관측

3.1. 카메라의 역할

인간 동공 크기의 한계로 인해 빛을 많이 받아들이지 못하는 것을 극복하기 위해, 넓은 구경을 통해 빛을 받아서 모아주는 망원경을 천체 관측에 사용하였다. 하지만 인간의 눈은 우주로부터 오는 빛의 극히 일부만을 인식한다. 입사하는 광자 중에 센서가 인식하는 광자의 수의 비를 **양자효율(quantum efficiency)**라고 하는데, 인간의 눈은 양자효율이 1% 이내에 불과하다. 필름 또한 1% 이내에 불과하지만, 인식할 수 있는 파장의 범위가 인간의 눈보다 넓다. **광전증배관(photomultiplier tube, PMT)**의 경우는 최대 15% 정도로 인간의 눈에 비해 대략 10배가량 높다. 전자결합소자(charged-coupled device, CCD)를 사용한 **CCD 이미지 센서**는 최대 60~70%가량으로 인간의 눈에 비해 약 60~70배가량 높다. 따라서 인간의 눈 대신 CCD를 이용한다면 같은 구경의 망원경으로도 사진을 60~70배 더 밝게 촬영할 수 있다.

상보성 금속산화막 반도체(Complementary metal-oxide-semiconductor, CMOS)를 이용한 **CMOS 이미지 센서**는 CCD 이미지 센서와 동일하게 광다이오드를 사용하지만 제조 과정과 신호를 읽어 들이는 방식이 다르다. 양자효율은 CCD보다 낮은 편이나, 가격이 저렴하고 처리 속도가 빨라 휴대전화나 저가형 디지털 카메라의 센서로 많이 이용되었다. 최근에는 CMOS의 기술이 현저하게 발달됨에 따라, 화질이 대폭 향상되었다. 따라서 고화질을 요구하는 DSLR 카메라도 CCD 대신 CMOS를 이용하기 시작했다. 캐논은 자체 개발한 CMOS 센서를 2002년부터 DSLR 카메라에 채용하였으며, 니콘의 최고급형 DSLR 카메라인 D2X에서도 소니의 엑스모어 CMOS 이미지 센서를 이용하고 있다. 이러한 CMOS 기술의 발달로 인해 현재는 DSLR 카메라로도 질 좋은 천체 사진을 얻을 수 있다. 따라서 이 책에서는 DSLR 카메라를 이용하여 천체를 촬영하는 방법을 소개할 것이다. 이 책에서는 밝기가 매우 밝은 태양계 천체만을 다룰 것이지만, CMOS는 딥 스카이(deep-sky) 천체 촬영 또한 충분히 가능하다.

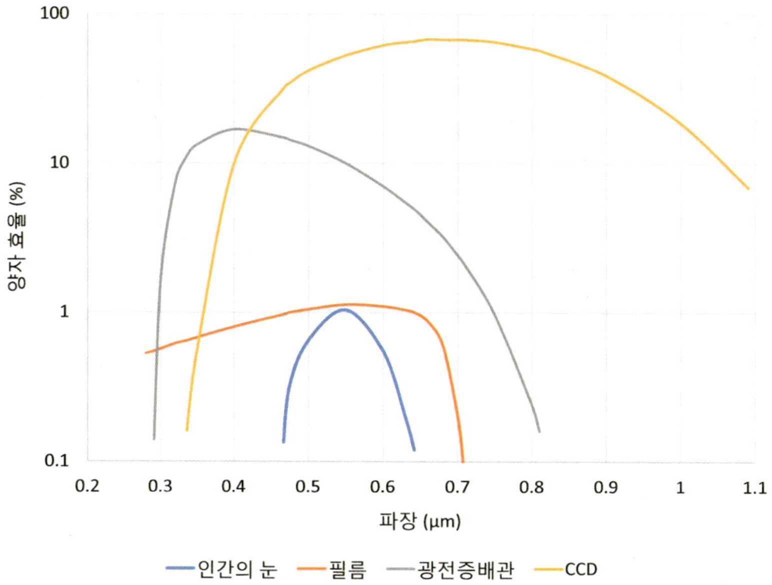

그림 3-1-1 파장에 따른 각 센서의 양자효율

3.2. DSLR 카메라

일반적으로 간단히 DSLR **카메라**라고 불리는 **디지털 일안 반사식 카메라**(digital single-lens reflex camera, DSLR)는 필름 일안 반사식 카메라(single-lens reflex camera, SLR)와 광학적, 기계적으로 동일하지만, 필름이 아닌 이미지 센서에 상이 맺히는 차이가 존재한다. DSLR 카메라의 구조는 [그림 3-2-1]과 같다. 카메라 렌즈를 통해 들어온 빛은 반사경에 반사되어 초점 스크린에 상을 맺는다. 해당 빛은 다시 콘덴서 렌즈를 통해 뷰파인더로 도달하여 촬영할 사진이 어떻게 보일지 사용자에게 보여준다. 촬영 시에는 반사경이 화살표 방향으로 이동하면서, 카메라 렌즈로 들어온 빛이 초점 스크린이 아닌 이미지 센서에 맺히게 된다. 이미지 센서는 빛을 인식하여 디지털 신호로 변환하고 이를 메모리에 저장한다.

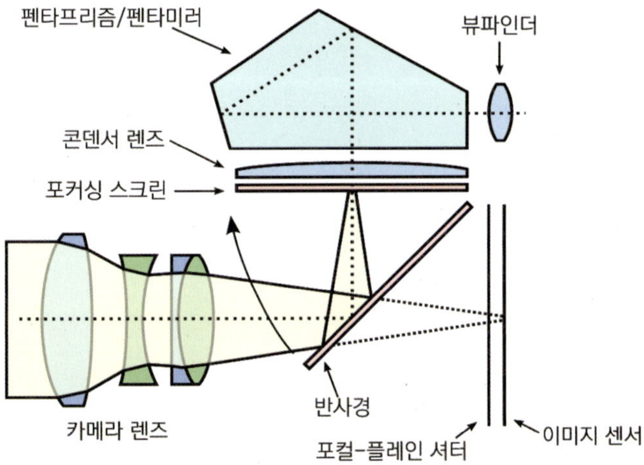

그림 3-2-1 DSLR 카메라의 구조

일반 반사식 카메라는 반사경과 펜타프리즘을 필요로 하기 때문에 부피가 상당히 크며 무게도 많이 나간다. 이러한 점을 보완하여 개발된 것이 **미러리스 카메라**라고 불리는 **미러리스 렌즈 교환식 카메라**[mirrorless interchangeable lens camera (MILC), electronic viewfinder interchangeable lens (EVIL), micro/digital interchangeable Lens system camera]이다. 기존 DSLR 카메라에 있던 반사경과 광학식 뷰파인더를 제거하고 이를 이미지 센서로 받아 디스플레이에 표시한다. 반사경과 펜타프리즘을 제거했기 때문에 무게와 부피 면에서 상당히 경량화되었다.

3.3. 카메라의 주요 용어와 기능

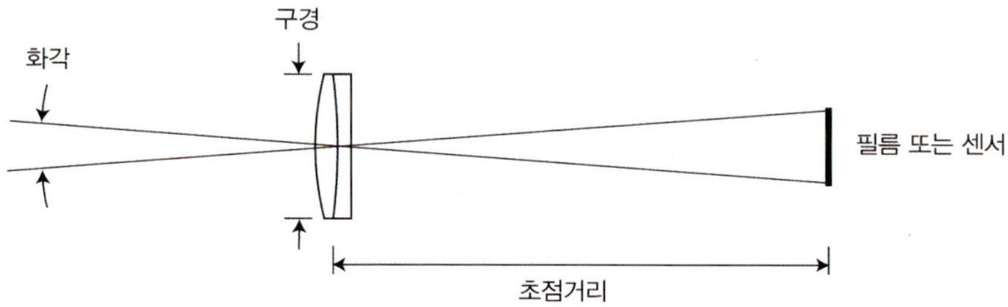

그림 3-3-1 초점거리, 화각, 구경

3.3.1. 초점거리

상의 크기는 망원경이나 카메라 렌즈의 초점거리에 의해 결정된다. 또한 필름, 센서 크기와 더불어 초점거리에 의해 시야가 결정된다. 굴절 망원경이나 뉴턴식 반사 망원경에서의 초점거리는 경통의 길이(렌즈 또는 거울에서 센서 또는 필름까지의 거리)와 같다. 이론적으로 초점거리는 별과 같이 무한히 먼 곳에서 오는 빛(평행 광선)이 렌즈를 통과하여 한 점에 모이게 될 때 렌즈와 이 점 사이의 거리다. 카세그레인식 반사 망원경은 보조 거울이 상을 확대하기 때문에 실제 경통 길이보다 긴 초점거리를 갖는다. 예를 들어 8인치(20cm)/10 슈미트-카세그레인 망원경은 경통의 길이가 약 500mm 길이이며, 2000mm의 초점거리를 갖는다.

카메라가 망원경에 연결되는 방식에 따라 전체 초점거리에 영향을 미친다. 직초점 촬영을 사용하면 망원경의 초점거리를 전체 초점거리로 사용할 수 있다. 정투영 촬영법에서는 전체 초점거리가 일반적으로 망원경의 초점거리보다 길어진다. 역투영 촬영법에서는 항상 망원경의 초점거리보다 길어진다. 반면 포커스 리듀서 촬영법에서는 초점거리가 망원경의 초점거리보다 줄어든다.

3.3.2. 구경

구경(aperture size)은 빛이 들어오는 구멍의 지름으로, 망원경이나 카메라로 들어오는 빛의 양을 결정한다. 구경을 D라 할 때, 빛이 들어오는 면적은 $\pi\left(\frac{D}{2}\right)^2$ 이므로, 빛을 모으는 능력인 망원경의 **집광력**은 구경의 제곱에 비례한다. 일반적으로 반사 망원경이 굴절 망원경보다 구경이 크므로, 어두운 천체에 속하는 성단, 성운, 은하 관측에 적합하다.

3.3.3. ISO

국제표준화기구(International Organization for Standardization)에서는 전 세계에서 공통적으로 적용할 수 있는 필름 감도 기준을 정하였는데, 이를 일반적으로 ISO 감도라고 부른다. ISO 감도가 높은 필름일수록 빛에 대한 민감도가 높아진다. 따라서 희미한 빛에도 더 예민하게 필름이 반응한다. 어둡고 희미한 천체를 촬영할 때는 ISO 값이 매우 높은 필름을 사용하며, 낮에 찍는 사진의 경우는 ISO 값이 매우 낮은 필름을 사용한다.

DSLR 카메라에도 ISO 값을 설정할 수 있는 기능이 존재한다. 하지만 ISO값이 바뀌어도 동일한 센서로 빛을 인식하기 때문에 빛에 대한 민감도가 바뀌는 것이 아니라 인식한 빛을 얼마나 증폭하는지 여부가 바뀌는 것이다. 따라서 빛에 대한 민감도를 흉내 내는 것일 뿐 실제 빛에 대한 민감도가 바뀌는 것이 아니다.

ISO 100 ISO 200 ISO 400

그림 3-3-2 ISO 감도에 따른 밝기 차이

3.3.4. 셔터속도

셔터속도(shutter speed)란 노출이 필요한 만큼 셔터를 열어두는 시간으로 사진의 밝기와 밀접한 관련이 있다. 동일한 빛이 들어올지라도 셔터속도가 길어진다면 사진이 밝게 나오게 된다. 일반적으로 초 단위로 표기하며, 1/4000, 1/2000, 1/1000, 1/500, 1/250, 1/100, 1/60, 1/30, 1/15, 1/8, 1/4, 1/2 등 1초 이내의 시간부터 1~30초의 긴 시간까지 선택할 수 있다. 또한 셔터 버튼을 누르는 동안 계속 셔터를 열어두고 있는 벌브(bulb) 모드도 선택할 수 있다.

3.3.5. *f*비와 밝기

*f*비(f-ratio)는 초점거리를 구경으로 나눈 값으로 센서나 필름에 맺히는 빛의 밝기를 결정한다.

$$f\text{비} = \frac{\text{초점거리}}{\text{구경}}$$

구경은 빛이 들어오는 양과 관련이 되며, 초점거리는 빛이 퍼지는 정도와 관련이 된다. 만일 구경이 커지고 초점거리가 줄어든다면 빛이 많이 들어오고 덜 퍼져서 가장 밝을 것이다. 따라서 *f*비가 작을수록 상은 더 밝아진다.

3.3.2에서 언급했던 것처럼 밝기는 구경의 제곱과 관계가 있고, 초점거리 또한 상이 맺히는 면적(즉, 거리의 제곱)과 관계되기 때문에, 밝기는 *f*비와 제곱의 관계에 있다고 볼 수 있다. 따라서 서로 다른 *f*비에 따른 상대적 밝기 차이는

$$\text{상대적 밝기} = \left(\frac{f\text{비}_o}{f\text{비}_n}\right)^2$$

가 된다. 그러므로, $f/2$는 $f/2.8$보다 $\left(\frac{2.8}{2}\right)^2 \simeq 2$ 밝다. 따라서 동일한 밝기의 사진을 얻기 위해서는 절반 정도의 노출 시간으로 촬영을 하면 된다. 일반적으로 다음과 같은 관계를 갖는다.

$$노출시간_n = \frac{노출시간_o}{\left(\frac{f비_o}{f비_n}\right)^2}$$

일반적으로 카메라는 구경을 조절하여 f비를 바꾸지만, 망원경은 초점거리를 조절하여 f비를 바꾼다. f비가 커짐에 따라 **피사계 심도**(depth of field, DOF)가 변하는 특징이 있다. 피사계 심도는 사진술에서 한 사진의 초점이 맞은 것으로 인식되는 범위이다. 렌즈의 초점은 단 하나의 면에 정해지게 되어 있으나 실제 사진에서는 초점면을 중심으로 서서히 흐려지는 현상이 나타나는데, 이때 충분히 초점이 맞은 것으로 인식되는 범위의 한계를 피사계 심도라 한다. 수가 작아지면 피사계 심도가 좁아 특정 거리에 있는 물체만이 선명하게 보인다. 하지만 수가 커지면 보다 넓은 거리 범위에 있는 물체가 선명하게 보인다.

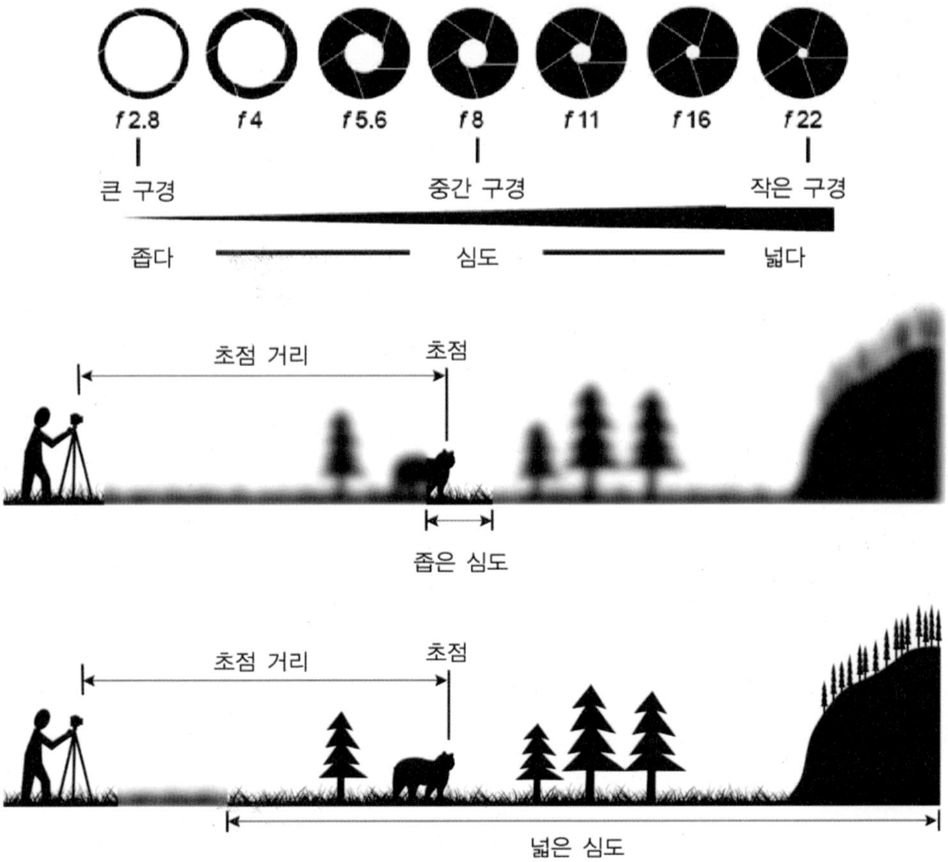

그림 3-3-3 *f*비에 따른 사진의 심도

3.3.6. 시야

시야(field of view, FOV)란 광학계에서 물체가 보이는 범위를 말한다.

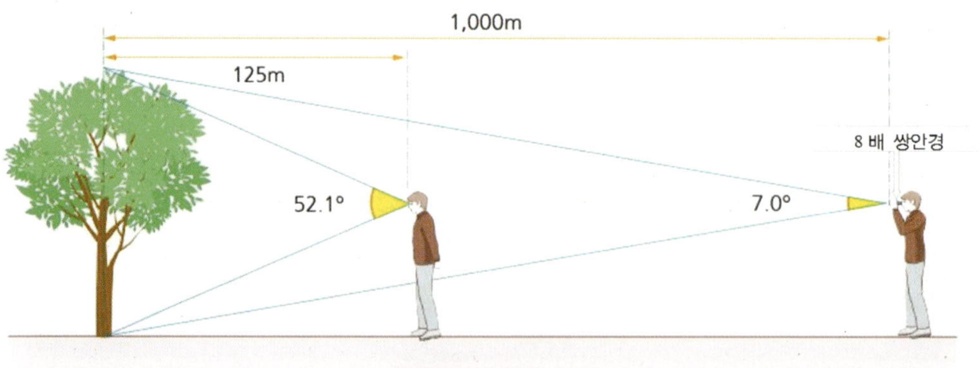

그림 3-3-4 시야

시야는 센서의 크기와 초점거리에 의해 다음과 같이 결정된다.

$$FOV = \theta = 2\tan^{-1}\left(\frac{\text{센서 폭(혹은 높이)}}{2\times\text{초점거리}}\right)$$

θ가 충분히 작으면 $\tan\theta \simeq \theta$이므로, 위 식은 아래와 같이 표현될 수 있다.

$$\theta = \frac{180}{\pi}\times\frac{\text{센서 폭(혹은 높이)}}{\text{초점거리}}$$

3.4. 망원경과의 결합

망원경과 카메라를 연결하여 촬영하는 방법을 [그림 3-4-1]에 제시한다. 또한 연결 방식에 따라 광학계의 초점거리와 f비의 계산은 [그림 3-4-2]를 참고하시오.

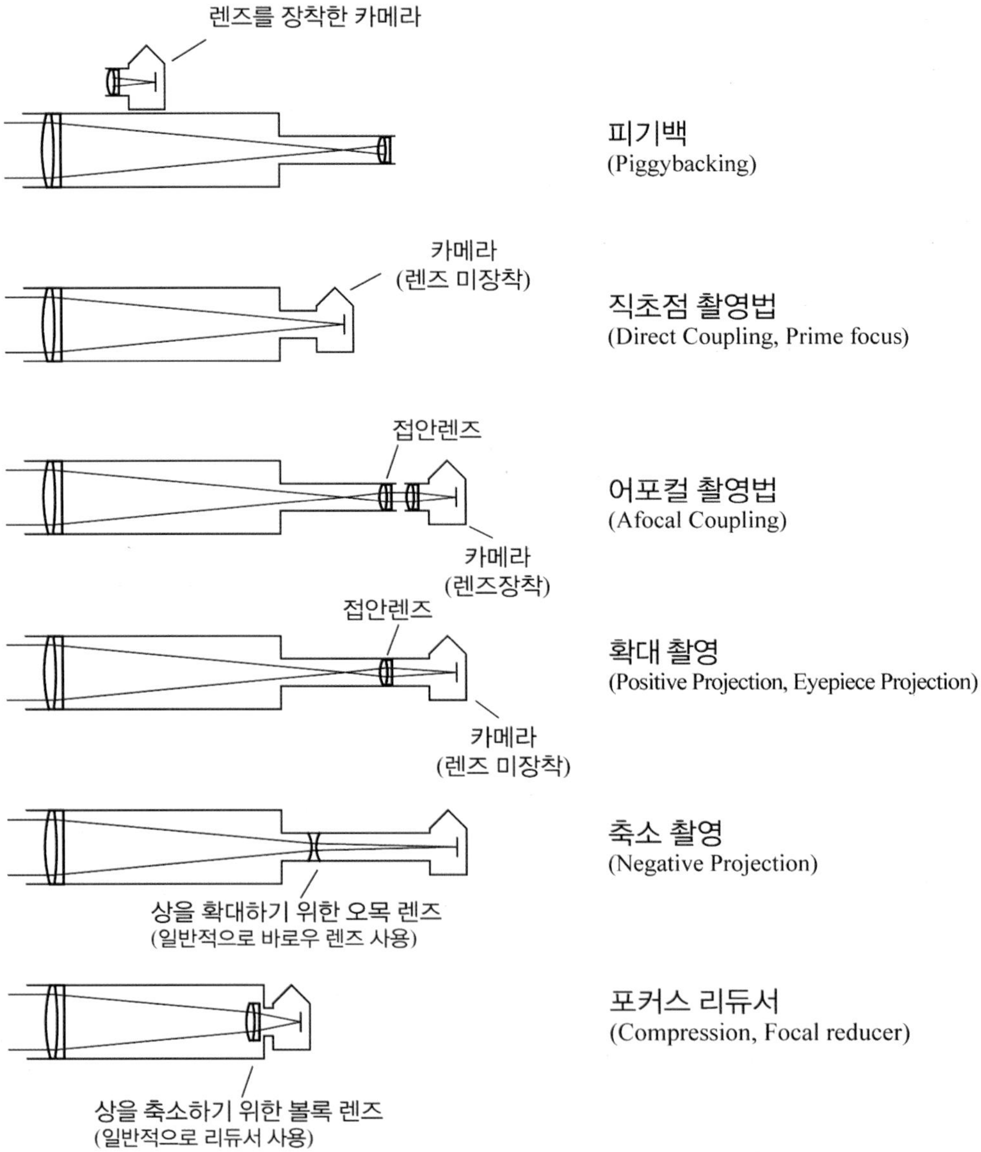

그림 3-4-1 양한 촬영법(Covington, 2007)

직초점촬영법

광학계의 초점거리=망원경의 초점거리
광학계의 f수=망원경의 f수

어포컬촬영법

$$\text{투영배율}=\frac{\text{카메라 렌즈의 초점거리}}{\text{접안렌즈의 초점거리}}$$

광학계의 초점거리=망원경의 초점거리×투영 배율
광학계의 f수=망원경의 f수×투영 배율

확대 촬영법(정투영, 역투영), 포커스 리듀서
(만일 음의 수가 나온다면 양수로 바꾸시오.)

A=투영 렌즈부터 센서나 필름까지의 거리
F=투영 렌즈의 초점거리

$$\text{투영배율}=\frac{A-F}{F}$$

광학계의 초점거리=망원경의 초점거리×투영 배율
광학계의 f수=망원경의 f수×투영 배율

그림 3-4-2 촬영법에 따른 계산

3.4.1. 피기백

피기백(piggyback)이란 "무언가를 등에 실어 운반하다"라는 뜻이다. 천체 사진 촬영법에서 말하는 피기백은 별을 추적할 수 있는 장치에 카메라를 얹어서 촬영하는 방법을 말한다. 일반적으로 **적도의 가대**(equatorial mount)에 카메라를 얹어서 촬영한다. 적도의 가대는 지구 자전을 상쇄시키는 방향으로 망원경을 움직이게 하는 모터를 가지고 있어, 지구 자전에 구애받지 않고 긴 노출시간의 사진을 찍을 수 있다.

3.4.2. 직초점 촬영법

카메라 렌즈만으로 촬영하는 피기백 촬영법은 구경이 매우 작고 초점 길이도 짧기 때문에 어두운 천체를 촬영하기 어려우며 배율이 낮은 단점이 있다. 따라서 딥스카이 천체와 같이 매우 작은 영역의 어두운 천체를 촬영하기 위해서는 다른 방법을 사용해야 한다. **직초점 촬영법(direct coupling, prime focus)**은 망원경의 대물렌즈를 카메라의 렌즈로 사용하는 촬영법이다.

직초점 촬영을 하기 위해서는 **카메라 T-어댑터(camera T-adapter)**가 필요하다. 이 어댑터의 한쪽은 카메라 렌즈 결합부와 연결되며 다른 한쪽은 42×0.75mm 규격의 나사선과 연결된다. 카메라 렌즈 결합부는 카메라의 제조사별로 각기 다양하기 때문에 제조사별로 카메라 T-어댑터가 따로 있다. 카메라 T-어댑터는 **접안렌즈 튜브 어댑터(eyepiece tube adapter)**를 이용하여 접안렌즈 삽입부에 연결하거나([그림 3-4-3]), **망원경 T-어댑터(telescope T-adapter)**를 이용하여 망원경의 끝부분에 바로 연결한다([그림 3-4-4]).

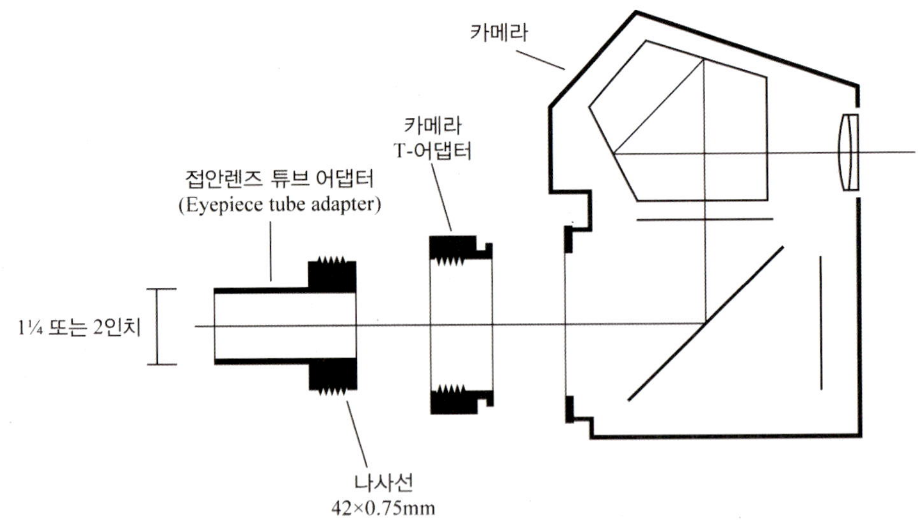

그림 3-4-3 접안렌즈 튜브에 연결하는 방법

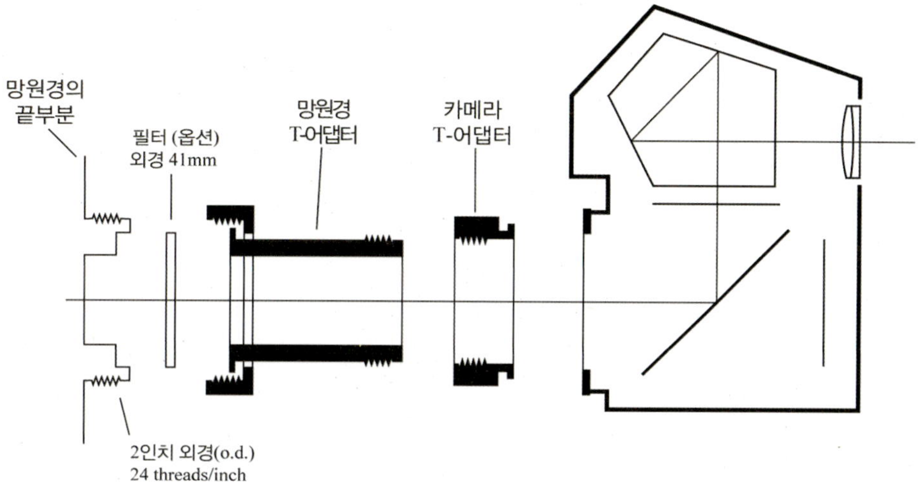

그림 3-4-4 망원경 끝에 바로 연결하는 방법

3.4.3. 정투영법, 역투영법

직초점 촬영법은 높은 배율로 어두운 천체를 촬영할 수 있다는 장점이 있지만, 시직경이 작아 고배율로 촬영해야 하는 천체들에는 적합하지 않다. **정투영법(접안렌즈 투영법)**은 접안렌즈 후방에 카메라 렌즈 없이 카메라를 연결하는 방법으로, 높은 배율을 얻을 수 있다. 달의 표면, 행성, 이중성 등 크기가 매우 작으면서 높은 분해능을 요구하는 대상에 적합한 촬영법이다. 배율이 높기 때문에 천체가 충분히 밝아야 한다. **역투영법**은 정투영법과 구조적으로는 유사하나, 접안렌즈(볼록렌즈) 대신 바로우 렌즈(오목렌즈)를 사용한다.

3.4.4. 포커스 리듀서

포커스 리듀서(focusing reducer)는 역투영법과 유사하나 바로우 렌즈 대신 리듀서를 사용한다. 리듀서는 바로우 렌즈와 달리 볼록 렌즈로 구성되어 있기 때문에 망원경의 초점거리를 줄여주어 상을 더 밝게 만든다. 성운, 성단, 은하 등과 같이 희미한 천체 관측을 할 때 사용한다.

그림 3-4-5 리듀서

3.5. 디지털카메라를 이용한 촬영

천체 관측은 눈으로 별을 보는(맨눈 혹은 쌍안경, 망원경과 같은 도구를 쓰는 것도 포함) '육안관측'과 사진촬영을 위주로 하는 '사진관측'으로 크게 분류할 수 있다. 육안 관측은 달 표면의 입체감이나 행성 표면, 성단들을 실제로 보며 우주를 직접 느낄 수 있는 놀라운 경험이다. 그러나 우리의 눈으로 들어오는 빛의 정보가 수시로 망막으로 들어오게 되어 있기 때문에 누적되지 않는다. 반면 사진 관측은 노출 시간에 따라 들어오는 빛의 정보가 누적이 되기 때문에 육안으로 관측한 것과 차이가 있을 수밖에 없다. 그리고 사진 관측은 한꺼번에 많은 별을 찍을 수 있는 장점이 있다. 육안관측은 개인에 따라 다른 주관적 성격을 띠는 것에 반해 사진관측은 현상을 사진으로 담기 때문에 보다 객관적이고 그러한 이유로 많은 사람들이 사진관측을 하고 있다. 그럼 사진관측을 하기 위해 필요한 도구와 카메라를 이용하여 촬영하는 방법 등 기초적인 것을 살펴보기로 하자.

천체의 육안 관측	천체의 사진 관측
눈으로 별을 관측 (맨눈, 쌍안경, 망원경 관측 포함)	누적된 빛의 정보로 관측 (카메라, CCD 관측 포함)
우주를 직접 느낄 수 있는 놀라운 경험	한 번에 많은 별을 찍어서 관측 가능 희미한 천체라도 관측 가능

3.5.1. 사진 관측에 필요한 기본적인 기구

사진 관측에 필요한 기본적인 도구로 카메라, 삼각대, 촬영용 교환렌즈, 릴리즈가 있다. 이 외에 후드,[1] 손전등, 초시계, 주머니난로 등이 있으면 유용하다.

3.5.1.1. 카메라

천체 관측이 가능하려면 다음과 같은 조건을 갖추는 것이 좋다.

1) 렌즈 앞에 끼우는 가리개로 주변의 잡광이 들어오는 것을 막고, 밤이슬을 막음.

① 일안 반사 카메라(SLR; Single Lens Reflector)

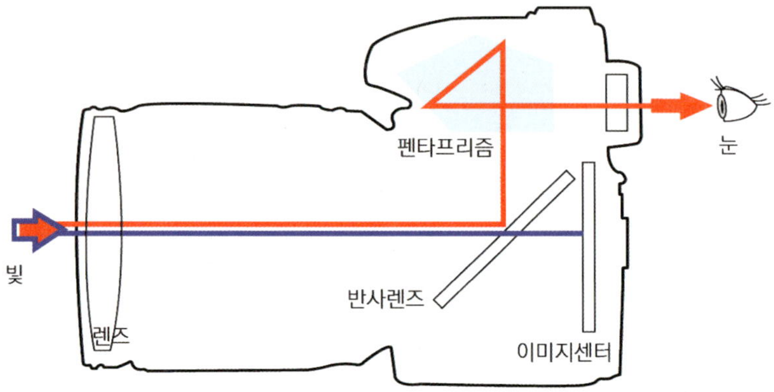

일안 반사 카메라는 렌즈를 통해 필름 면에 맺히게 되는 화면과 파인더를 통해 바라보는 화면이 같은 카메라를 말한다. 일반적으로 많이 사용하는 DSLR이라고 불리는 카메라는 필름이 아닌 이미지 센서에 상이 맺히는 것으로 디지털 일안 반사식 카메라(digital single-lens reflex camera, DSLR)이다.

② B셔터(Bulb, 개방셔터)가 가능한 수동식 카메라

B셔터는 셔터속도를 조절하는 다이얼 중 하나로 노출 시간을 수동으로 조절할 수 있다. B셔터를 설정한 상태에서 촬영 버튼을 누르고 있으면 셔터가 개방되며 촬영 버튼을 놓을 때 셔터가 닫히게 된다. 따라서 B셔터를 설정하면 밤하늘에 어두운 빛의 천체를 오랜 시간 동안 노출을 통하여 사진을 찍을 수 있다. 일반적으로 릴리즈를 연결하여 노출 시간을 조절하여 사진을 촬영한다.

③ 렌즈 교환이 가능하게 만들어진 카메라

3.5.1.2. 삼각대

카메라를 받쳐주는 것이므로 튼튼한 것일수록 좋다.

3.5.1.3. 릴리즈

장시간 노출을 주거나 카메라 흔들림을 방지할 수 있어서 편리하다.

3.5.1.4. 촬영용 교환 렌즈[2)]

천체 사진에는 거의 모든 종류의 렌즈가 사용된다.

별의 일주운동이나 별자리 사진 등에는 표준렌즈 또는 광각렌즈가 주로 사용되며, 성운, 성단, 은하수 부분 등을 찍을 때는 망원렌즈가 주로 사용된다. 망원렌즈의 경우 광각렌즈에 비해 렌즈의 성능이 떨어지므로 사용하지 않는 것이 좋으며 노출시간을 단축시키기 위해 구경비가 작은 것(밝은 것)이 좋다.

3.5.2. 사진 촬영의 기본 지식

3.5.2.1. 초점

어떤 사진이든지 초점이 선명한 사진이라야 가치가 있다. 초점 조정은 때로는 카메라 렌즈에서, 천체 사진의 경우는 때때로 망원경 접안부로 맞추게 된다.

천체 사진을 찍을 때에는 촬영하는 상황에 따라 다음의 사항을 기억하고 촬영을 해야 한다.

① 카메라의 렌즈를 사용하여 촬영할 경우 반드시 거리를 무한대에 놓고 찍어야 한다.

② 직초점 촬영할 경우 망원경의 초점거리에 필름 면이 오도록 해야 한다.

3.5.2.2. 조리개

조리개란 렌즈를 통과하는 빛의 양을 제한하는 것으로 망원경에서는 구경비와 관계가 있다. 이것은 흔히 사진촬영에서 F/1.4, F/2 등으로 표시된다. 카메라렌즈는 렌즈에 조리개가 붙어 있어 이를 바꿀 수 있으나 망원경의 구경비는 대개 고정되어 있다.

---

2) 렌즈의 초점 길이에 따라 상에 담을 수 있는 하늘의 크기가 달라지므로 관측 대상에 맞게 렌즈를 선택한다.

조리개를 조일수록 심도가 깊어지는 효과를 얻는다. 심도(depth of field)란 초점을 맞춘 지점을 기점으로 촬영장면이 선명하게 표현되는 전/후방 범위를 말한다. 조리개를 개방하여 촬영을 하면 심도가 얕아(좁아)져 초점을 맞춘 가까이에 있는 부분만 선명하게 촬영된다. 반면 조리개를 조여서 촬영을 하면 심도가 깊어(넓어)져 초점을 맞춘 부분 전후방도 모두 선명하게 촬영된다.

어두운 천체를 촬영할 때에 조리개를 개방할수록 더 많은 빛을 받아 촬영을 할 수 있는 장점이 있지만 심도가 얕아져 선명도가 떨어지는 단점이 있다. 따라서 어두운 천체를 선명하게 촬영을 하고자 할 때 조리개뿐 아니라 셔터속도와 ISO 등을 함께 고려하여 적절한 값을 선택해야 한다.

3.5.2.3. 셔터속도

셔터속도는 얼마의 시간 동안 빛을 통과시킬 것인가 하는 것을 결정한다. 셔터속도가 길수록 더 많은 빛이 통과하게 되기 때문에 어두운 천체를 찍을 때 셔터속도를 조절한다. 천체 사진 촬영에서는 B셔터(개방셔터)를 가장 많이 쓰고, 태양이나 달 등은 일반사진처럼 구경비(조리개)에 따라 1/125초 등의 셔터속도를 쓰게 된다.

> 셔터속도가 길수록 → 카메라를 통과하는 빛의 양 증가

아래 그림은 셔터속도를 다양하게 변경하며 달을 촬영한 사진이다. 각 사진의 아래 부분에 ISO와 셔터속도가 함께 표시되어 있다. '1/20'은 셔터속도 0.05s를 의미하고 '1/10'은 셔터속도 0.1s를 의미한다. 두 개의 사진을 비교해 보면 왼쪽 사진의 경우 오른쪽 사진보다 셔터속도를 더 길게 하여 촬영을 하였기 때문에 카메라에 더 많은 빛이 들어와서 사진이 찍히게 된다. 따라서 셔터속도가 더 긴 왼쪽 사진의 경우 오른쪽 사진보다 물체가 더 밝게 찍히게 된다.

0.05s(1/20)
ISO - 100

0.067S(1/15)
ISO - 100

0.1S(1/10)
ISO - 100

어두운 천체를 찍을 때 셔터속도를 길게 하여 촬영을 하면 더 밝은 사진을 얻을 수 있는 장점이 있지만, 셔터속도를 지나치게 길게 할 경우 아래 그림처럼 별이 점이 아닌 선으로 나타난다.

지구의 자전으로 인해 지구상의 관측자에게는 천구에 있는 천체가 1일 동안 360° 이동하는 일주운동을 하는 것으로 관측된다. 따라서 셔터속도를 길게 하면, 별의 일주운동으로 인해 별의 이동궤적이 사진에 찍혀 별이 선으로 나타나게 된다. 이를 해결하기 위해서 셔터속도를 짧게 하면 되는데, 대신 카메라를 통과하는 빛의 양이 줄어드는 것을 보정하기 위해 큰 ISO 값으로 설정하여 사진을 찍는다. 또는 자전방향과 같은 속도로 망원경을 움직이게 하는 추적 장치를 부착한 적도의식 망원경에 카메라를 연결하여 사진을 찍는 방법도 있다.

조리개와 셔터속도는 밀접한 관계를 가진다. 조리개의 제곱은 셔터속도에 반비례한다.

$$\text{조리개}^2 \propto \frac{1}{\text{셔터속도}}$$

예) 조리개 4에 1/60초의 셔터속도=조리개 8에 1/15초의 셔터속도

이 때문에 조리개를 조정하여 셔터속도를 변경할 수 있고, 셔터속도를 조정하려면 조리개를 바꾸어야 한다. 즉, 동일한 광량을 얻기 위해서는 조리개와 셔터속도를 조절하면 된다. 그러나 조리개를 조일수록 심도가 깊어지는 효과를 얻는다.

3.5.2.4. 민감도(ISO: International Organization for Standardization)

ISO는 빛에 대한 민감도를 의미하는데 즉 빛에 대해 변화되는 속도를 뜻한다. 보통 숫자가 낮은 것을 저감도, 숫자가 높은 것을 고감도라고 한다. 일반적으로 저감도일수록 사진이 선명하나 고감도에 비해서 빛의 양이 풍부해야 하는 단점이 있다. 고감도는 입자들이 거칠어 보이는 현상이 나타난다. 따라서 사진의 촬영의 목적에 맞게 ISO를 선택하도록 한다.

	ISO 100	ISO 1600
기준	밝은 대상의 촬영	어두운 대상의 촬영
감광 정도	저감도	고감도
콘트라스트	강하다	약하다
발색성	좋다	나쁘다

아래 그림은 ISO 값을 다양하게 변경하여 촬영한 사진이다. 상대적으로 'ISO-160'은 저감도이며 'ISO-800'은 고감도이다. 따라서 고감도로 설정하여 찍은 사진의 경우 저감도로 설정하여 찍은 사진보다 물체가 밝게 찍힌다. 조리개와 셔터속도를 변화시키지 않은 채 ISO 값을 높이면 빛의 민감도가 증가하여 밝은 사진을 얻을 수 있다.

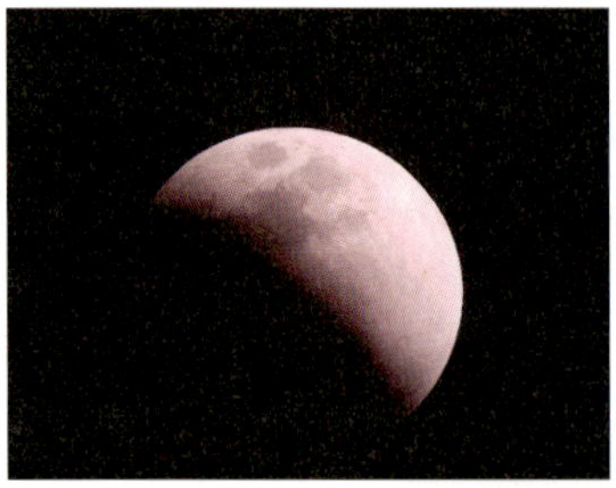

ISO -160

ISO - 400

ISO-800

아래 그림은 빛이 전혀 없는 영역을 ISO를 변경하여 촬영한 사진이다. ISO 값을 지나치게 높일 경우 이미지에 '노이즈'가 들어가 이미지의 품질, 발색성이 나쁘게 나타난다. 따라서 밝은 사진을 찍기 위해서 ISO만을 높이는 것보다는 적절하게 셔터속도와 조리개를 조정하여야 한다.

3.5.3. 고정촬영

지구의 자전으로 인해 지구상의 관측자는 천구에 있는 천체가 1일 동안 360° 이동하는 일주운동을 관찰할 수 있다. 이 일주운동을 사진으로 담을 수 있는 방법으로 카메라를 고정하여 천체들을 찍는 고정촬영과, 지구의 자전 속도로 카메라가 별을 쫓아가면서 촬영하는 가이드 촬영으로 나눌 수 있다.

이 책에서는 천체 사진 촬영에 있어서 가장 기본적인 고정 촬영 방법에 대하여 이야기할 것이다. 고정 촬영 방법은 삼각대 위에 카메라를 연결하여 관측 천체를 찍는 것으로 멋진 주변 배경과 적절하게 어우러질 때 아름다운 사진을 찍을 수 있다. 고정 촬영 방법에는 점상촬영과 일주운동 촬영이 있다.

3.5.3.1. 고정촬영에 필요한 장비

SLR식 수동식 카메라, 삼각대, 릴리즈가 필요하다. 삼각대 위에 카메라를 연결하고, 릴리즈를 카메라에 연결하여 촬영을 한다.

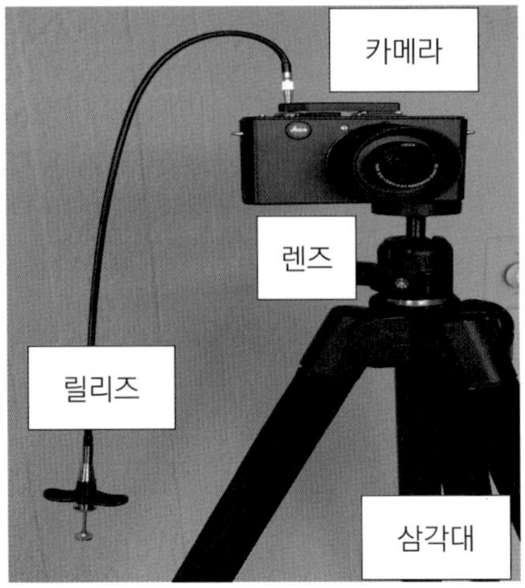

3.5.3.2. 고정촬영 순서

① 카메라를 삼각대에 설치한다.
② 렌즈의 초점거리를 무한대에 맞춘다.
③ 카메라의 창을 들여다보며 대상을 선택한다.
④ 적절한 조리개와 셔터속도를 선택한다.
⑤ 릴리즈를 누른다(노출시작).

3.5.3.3. 고정촬영의 종류 1 - 점상 촬영

별을 추적하지 않고 비교적 짧게 노출을 주어 촬영하는 방법이다. 일주운동으로 별이 약간 이동하였지만 노출을 짧게 하여 촬영을 하였기 때문에 사진 상에 별의 이동이 거의 나타나지 않아 별자리를 찍는 데 이용된다.

촬영할 때 고려해야 할 부분은 노출시간과 f비이다. 이 둘은 하나를 크게 하면 다른 하나를 작게 해야 한다. 자신이 즐겨 찾는 장소마다 표준 노출 시간을 측정하여 경험값을 얻는 것이 중요하다.

또한 촬영 시 유의할 사항은 민감도(ISO)와 조리개이다. 민감도를 높이면 그만큼 어두운 별을 사진에 담을 수 있지만 사진이 거칠어지며 도시광이 강할 때에는 배경하늘이 밝게 나타나는 문제가 있다. 반면 조리개를 충분히 열어 놓을수록 노출을 짧게 줄 수 있거나 혹은 어두운 별들도 찍을 수 있는 장점이 있지만, 사진 변두리의 별들이 찌그러진 모습으로 나타나는 코마수차가 발생한다. 따라서 ISO, 셔터속도, F비 사이의 적절한 조합으로 적정 노출을 설정하여 촬영을 해야 한다.

적정 노출 설정: F비, ISO, 셔터속도 사이의 조합

- 조리개(F비): 최대 개방(최소값의 F비) 또는 1단계 조임
- 민감도(ISO): 800~3200
- 노출 시간: 15~30초

별을 점상으로 찍을 수 있는 노출 시간표

초점거리	적위 0°	적위 40°	적위 60°
28mm	44초	60초	88초
35mm	20초	30초	40초
50mm	14초	20초	28초
105mm	7초	10초	14초
135mm	5초	7초	10초
200mm	3초	5초	7초
300mm	2초	4초	6초

3.5.3.4. 고정촬영의 종류 2 - 일주운동 촬영

카메라를 하늘의 한 방향에 고정시켜 놓고 오랜 시간 노출하면 별들의 일주운동이 사진에 나타나게 된다. 천체는 거의 무한대의 거리에 있기 때문에 초점은 무한대로 설정하여 촬영을 하도록 한다. 하늘의 천체와 함께 지상배경을 함께 넣어 찍으면 보다 아름다운 사진을 찍을 수 있다.

일주운동을 촬영하는 두 가지 방법이 있다. 첫 번째 방법은 한 번의 긴 노출로 촬영을 하는 것이다. 다른 방법은 짧은 노출로 여러 장의 사진을 찍고 컴퓨터를 이용하여 사진을 합성하는 것이다. 이 책에서는 3.6절과 3.7절에서 두 번째 방법에 대해 자세히 설명하도록 하겠다.

점상 촬영	일주운동 촬영
비교적 짧은 시간 노출하여 촬영	오랜 시간 노출하여 촬영

3.5.4. 디지털 카메라로 물체 촬영하기

어두운 곳에서 카메라를 다루기란 쉽지 않은 작업이다. 따라서 학생들이 천체 사진을 찍기 전에 카메라에 익숙해져야 한다. 직접 카메라를 가지고 자유자재로 셔터속도와 ISO, 조리개 등을 변화시키게 하도록 하고 이에 따라 어떤 이미지가 찍히는지 알 수 있는 시간을 충분히 갖도록 한다. 이에 관한 연습을 많이 하면 천체 사진을 찍을 때 보다 쉽게 사진을 찍을 수 있다.

3.5.4.1. 초점 설정하기

하늘에 초점 잡기 어려우므로 10m 이상의 건물이나 조명에 초점 맞춘 후 AF를 MF로 변경하도록 한다. AF(auto focus)는 자동 초점모드를, MF(manual focus)는 수동 초점모드를 의미한다. 천체를 촬영할 때 초점을 무한대로 맞추어야 하기 때문에 수동 초점모드(MF)로 설정을 하여야 한다.

3.5.4.2. 촬영 모드의 선택3)

우선 촬영 모드를 M(manual, 수동)모드로 설정한다. 이 모드로 설정을 하면 셔터속도와 조리개의 값 등을 촬영자가 원하는 대로 변경이 가능하다. 따라서 먼저 촬영모드를 [M]모드로 설정을 하고 셔터속도와 조리개를 원하는 값으로 변경하여 사용하도록 한다.

1. 모드 다이얼을 [M]으로 설정한다.

2. 셔터속도를 설정한다.
   - 셔터속도를 설정하려면 [ ] 다이얼을 돌린다.
   - 화면에 「500」이라는 숫자는 「1/500」이라는 의미로, 셔터속도가 1/500s 임을 표시한다.

3.5.4.3. ISO 감도 변경하기

어두운 천체를 촬영을 할 때 감도를 높이면 물체가 밝게 나타나는 장점이 있지만 여러 단점들이 있다. 따라서 상황에 따라 감도를 적절하게 변경하여 촬영을 하도록 한다.

---

3) 카메라의 종류에 따라 셔터스피드, 조리개, ISO 등을 설정하는 방법이 다르니 카메라 매뉴얼을 참고하도록 할 것.

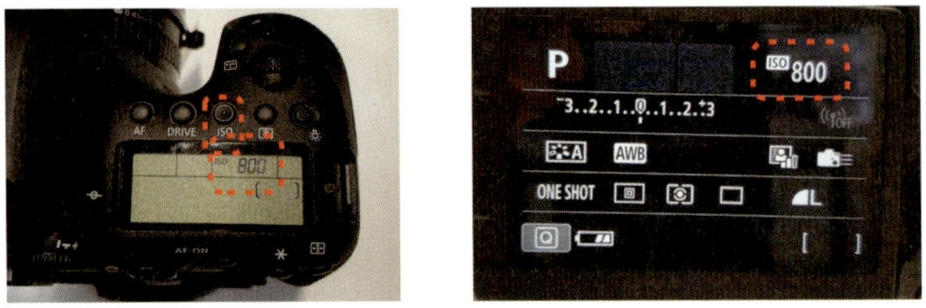

1. [ISO] 버튼을 누른다. 버튼을 누르면 화면에 ISO 값이 표시된다.
2. ISO 감도를 설정한다.
   • [다이얼 아이콘] 다이얼을 돌려서 원하는 ISO 감도를 설정한다.

3.5.4.4. 알맞은 광원 맞추기

WB(white balance, 화이트밸런스)는 사진의 흰색 물체가 흰색으로 나타나도록 톤을 조절하는 기능을 의미한다. 천체 사진을 촬영할 때는 AWB(자동 화이트 밸런스) 또는 3,000~4,000K으로 설정하도록 한다.

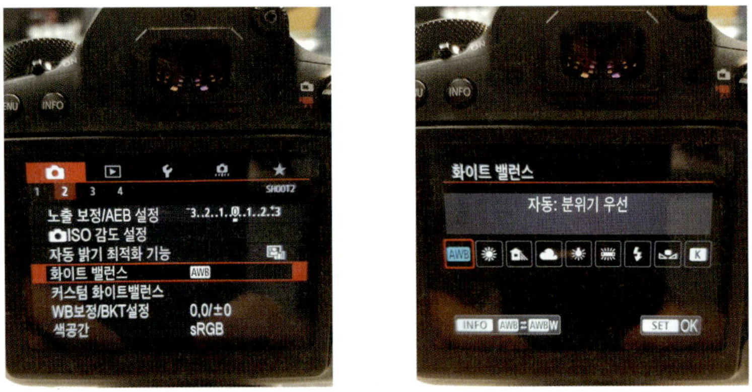

1. 사진기 설정에서 [화이트밸런스]를 선택한다.
2. [AWB(자동화이트밸런스)]를 선택한 다음 [SET]를 누른다.

3.5.4.5. 촬영드라이브 연사 설정

일주운동을 촬영하는 두 가지 방법이 있는데 이 책에서는 짧은 노출로 여러 장의 사진을 찍고 컴퓨터를 이용하여 사진을 합성하는 방법에 대해 다룰 것이다. 따라서 촬영드라이브 모드를 연사(연사 아이콘)로 설정하도록 한다.

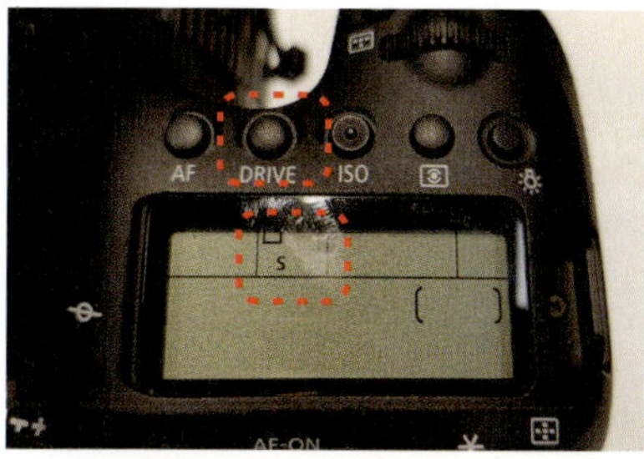

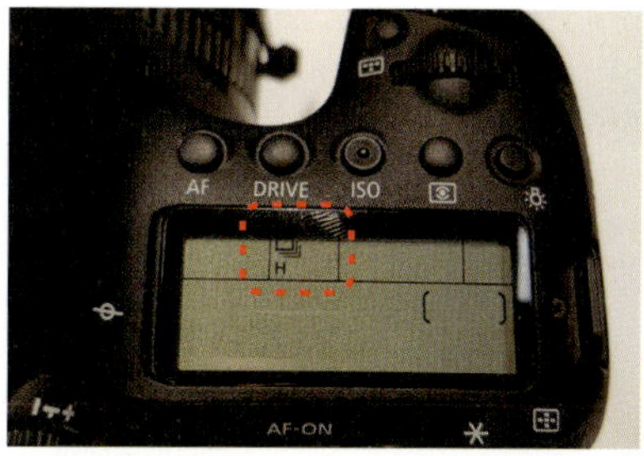

1. [DRIVE] 버튼을 누른다. 버튼을 누르면 화면서 촬영드라이브 모드가 표시된다.
2. [(연사)]를 선택한다.
   - [ ] 다이얼을 돌려서 [ ]을 선택한다.
   - 셔터 버튼을 누르고 있는 동안 연속적으로 촬영된다.

3.5.4.6. 릴리즈 연결하기

릴리즈를 카메라 본체에 연결하도록 한다.

카메라 종류에 따라 연결되는 릴리즈 케이블이 다르다. 따라서 카메라 기종에 따라 적절한 릴리즈를 구매하도록 하며 최근에는 무선 릴리즈도 많이 사용한다.

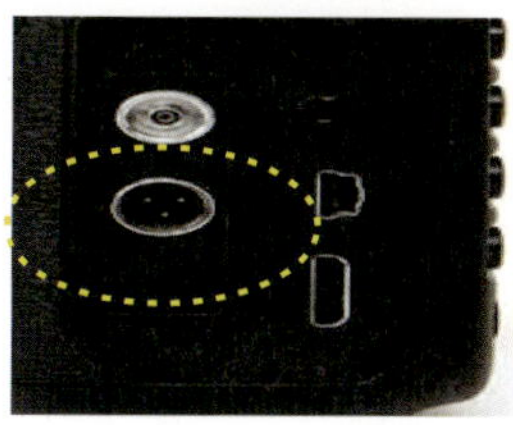

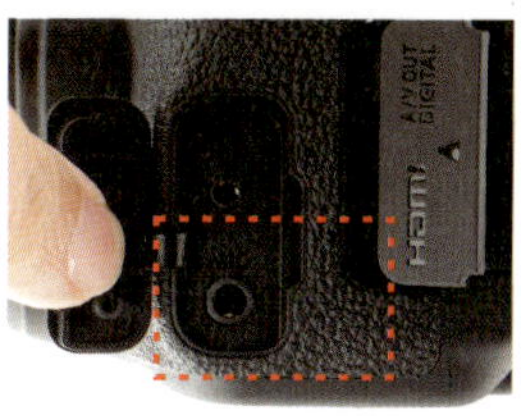

활동지

디지털카메라를 이용한 촬영

학습 목표

1. 천체 촬영에 필요한 도구와 천체 촬영 방법을 설명할 수 있다.
2. 카메라를 이용하여 별의 일주운동을 촬영할 수 있다.

준비물

삼각대, 카메라, 릴리즈

함께해보기

직접 카메라를 가지고 자유자재로 셔터속도와 ISO, 조리개 등을 변화시켜 보고 이에 따라 어떤 이미지가 찍히는지 알아보자.

[질문 1] 조리개를 변경하여 사진을 찍으면 어떠한 차이가 있는가?

해설 조리개를 개방하면 심도가 얕아(좁아)져 초점을 맞춘 가까이에 있는 부분만 선명하게 촬영되며, 조리개를 조이면 심도가 깊어(넓어)져 초점을 맞춘 부분 전후방도 모두 선명하게 촬영된다.

[질문 2] 어두운 천체를 촬영할 때에는 조리개의 크기를 어떻게 조절하는 것이 합리적일까?

해설 조리개를 많이 열수록 더 많은 빛을 받을 수 있는 장점이 있지만 심도가 얕아져 선명도가 떨어지는 단점이 있다. 따라서 조리개뿐 아니라 셔터속도와 ISO 등을 함께 고려하여 적절한 값을 선택해야 한다.

[질문 3] 셔터속도를 변경하여 사진을 찍으면 어떠한 차이가 있는가?

해설 셔터속도를 더 길게 하여 촬영을 하면 카메라에 더 많은 빛이 들어와서 사진이 밝게 찍히게 된다.

[질문 4] 셔터속도를 지나치게 길게 하여 천체를 촬영할 경우 나타나는 문제점은 무엇이 있을까? 그 이유는 무엇이며 이를 해결하기 위해 어떻게 해야 하는가?

해설 지구의 자전으로 인해 지구상의 관측자에게는 천구에 있는 천체가 1일 동안 360° 이동하는 일주운동하는 것으로 관측된다. 따라서 셔터속도를 길게 하면 별의 일주운동으로 인해 별의 이동궤적이 사진에 찍혀 별이 선으로 나타나게 된다. 이를 해결하기 위해서는 셔터속도를 짧게 하면 되는데 대신 카메라를 통과하는 빛의 양이 줄어드는 것을 보정하기 위해 큰 ISO 값으로 설정하여 사진을 찍는다. 또는 자전방향과 같은 속도로 망원경을 움직이게 하는 추적장치를 부착한 적도의식 망원경에 카메라를 연결하여 사진을 찍는 방법도 있다.

[질문 5] ISO 값을 변경하여 사진을 찍으면 어떠한 차이가 있는가?

해설 ISO 값을 높이면 빛의 민감도가 증가하여 밝은 사진을 얻을 수 있다.

[질문 6] ISO 값을 지나치게 높여서 사진을 찍을 경우 발생하는 문제점은 무엇일까?

해설 ISO 값을 높이면 이미지에 '노이즈'가 들어가 이미지의 품질, 발색성이 나쁘게 나타난다. 따라서 밝은 사진을 찍기 위해서 ISO만을 높이는 것보다는 적절하게 셔터속도와 조리개를 조정하여야 한다.

3.6. 고정 촬영법 – 별의 일주운동

앞에서는 천체 사진 촬영에 필요한 기본적인 기구와 지식 그리고 카메라로 촬영하는 방법에 대하여 알아보았다. 지구의 자전으로 인해 지구상의 관측자는 천구에 있는 천체가 1일 동안 360° 이동하는 일주운동을 관찰할 수 있다. 이 책에서는 삼각대 위에 카메라를 연결하여 천체를 찍는 고정촬영법을 사용하여 일주운동을 사진에 담는 방법에 대하여 설명하도록 한다. 그리고 일주운동을 찍는 방법 중 연사 모드를 활용하여 짧은 노출을 준 여러 장의 사진을 찍고 컴퓨터 프로그램을 이용하여 이 사진들을 합성하는 방법에 대하여 알아보도록 한다.

3.6.1. 별의 일주운동 촬영에 필요한 기본적인 기구

삼각대, 디지털카메라(DSLR), 릴리즈, 컴퓨터가 필요하다. 앞 장에서 충분히 카메라 사용방법과 적절한 노출을 주는 여러 가지 방법들을 숙지하도록 한다.

3.6.2. 별의 일주운동 촬영 방법

3.6.2.1. 촬영하고 싶은 하늘의 방향을 정하자.

지구에서 관측하는 하늘의 방향에 따라 별의 일주운동은 다르게 관측된다. 별의 일주운동에 관한 탐구 활동을 하기 위해서는 동, 서, 남, 북의 방향에서 일주운동을 모두 촬영하면 좋다.

3.6.2.2. 카메라를 설치하여 일주운동 촬영하자.

① 초점 설정하기	10m 이상 떨어진 건물이나 조명에 초점을 맞춘 후 MF로 고정
② 촬영 모드 선택하기	M(수동)모드로 설정한 후 적절한 셔터속도와 조리개 값을 설정한다. (예-셔터속도: 30초 / 조리개: F2.8)
③ ISO 감도 선택하기	적절한 감도를 설정한다. (예-ISO: 100)
④ 촬영드라이브 설정하기	연사모드로 설정한다.
⑤ 알맞은 광원으로 맞추기	AWB(자동 화이트 밸런스)로 설정한다.
⑥ 카메라를 삼각대에 고정시킨다.	먼저 카메라를 삼각대에 연결하고 카메라설정(①~⑤)을 하여도 된다.
⑦ 촬영 대상을 선택한다.	
⑧ 릴리즈를 누른다	1시간 동안 촬영하도록 한다.

Tip

촬영 시 사진 아랫부분에 산이나 건물과 같은 지형이 함께 나오도록 촬영방향을 설정하면 더욱 아름다운 사진을 촬영할 수 있다.

3.6.2.3. 촬영한 사진파일을 컴퓨터에 옮겨 담자.

다음 장에서 컴퓨터 프로그램을 활용하여 일주운동 사진을 합성을 한다. 그날 찍은 사진은 바로 폴더를 만들어 컴퓨터에 저장을 해 놓으면 좋다.

① 컴퓨터에 폴더를 생성한다.

② 카메라 사진을 폴더로 이동시킨다.

활동지

별의 일주운동 촬영

학습 목표

1. 천체의 일주운동을 카메라를 이용하여 촬영할 수 있다.

준비물

삼각대, 카메라, 릴리즈, 컴퓨터

함께해보기

1 모둠별로 촬영하고 싶은 하늘의 방향을 정하자.

동서남북 방향별로 모두 촬영해보자.

2 카메라를 설치하여 일주운동을 촬영하자.
(단, 촬영 시 사진 아랫부분에 산이나 건물과 같은 지형이 나오도록 방향 설정하자)

일주운동 촬영 순서

① 초점 설정하기-10m 이상 떨어진 건물이나 조명에 초점을 맞춘 후 MF로 고정
② 촬영 모드 선택하기-셔터속도: 30초/조리개: F2.8
③ ISO 감도 선택하기-100
④ 촬영드라이브 설정하기-연사
⑤ 알맞은 광원으로 맞추기-AWB(자동 화이트 밸런스)
⑥ 카메라를 삼각대에 고정시킨다.
⑦ 카메라의 창을 들여다보며 대상을 선택한다.
⑧ 릴리즈를 누른다(노출시작).

3 촬영한 사진파일을 컴퓨터에 옮겨 담자.

3.7. 별의 일주운동 사진 합성하기

앞에서 일주운동을 촬영한 방법은 짧은 노출을 주어 여러 장의 사진을 찍은 것이다. 짧은 노출로 인해 사진에 별자리가 점상으로 나타난다. 이번 단원에서는 컴퓨터 프로그램을 활용하여 이 점상의 여러 장의 사진을 합성하는 방법에 대하여 알아보도록 한다.

3.7.1. 별의 일주운동 합성에 필요한 기본적인 기구

일주운동 사진과 컴퓨터가 필요하다. 사진을 합성하는 여러 프로그램이 있다. 이 책에서는 무료로 사용 가능한 『Startrails』 프로그램을 활용하도록 한다. 우선 『Startrails』 프로그램을 무료 다운로드 받는다. 'http://www.startrails.de/Startrails.zip'의 경로로 가면 파일을 다운 받을 수 있다.

다운로드 받은 압축파일을 풀고, 폴더에서 『Startrails』 아이콘()을 눌러 실행하도록 한다.

3.7.2. 『Startrails』 프로그램으로 사진 합성 방법

3.7.2.1. 별도의 폴더에 일주운동 사진을 담아둔다.

합성한 일주운동 사진을 활용하면 지구의 자전에 대한 탐구 활동을 할 수 있다. 첫 번째 사진과 마지막 사진이 찍힌 시간을 메모해 두면 지구의 자전과 관련된 탐구 활동을 하는 데 도움이 된다. 사진 파일 위에서 마우스 오른쪽 버튼을 클릭하면 파일에 대한 '속성(R)'을 알아볼 수 있다. 속성에서 '수정한 날짜'를 이용하여 사진을 촬영한 시각을 확인하도록 한다.

〈사진파일 위에서 우클릭 → 『속성』 선택〉

〈사진 촬영 시각 확인〉

	첫 사진	마지막 사진
시간(시분초)	( )시 ( )분 ( )초	( )시 ( )분 ( )초

3.7.2.2. 별의 일주운동을 촬영한 사진들이 담긴 폴더를 연다.

화면 왼쪽 상단의 『불러오기 아이콘』(Open images)을 클릭하여 별의 일주운동을 촬영한 사진들이 담긴 폴더를 연다.

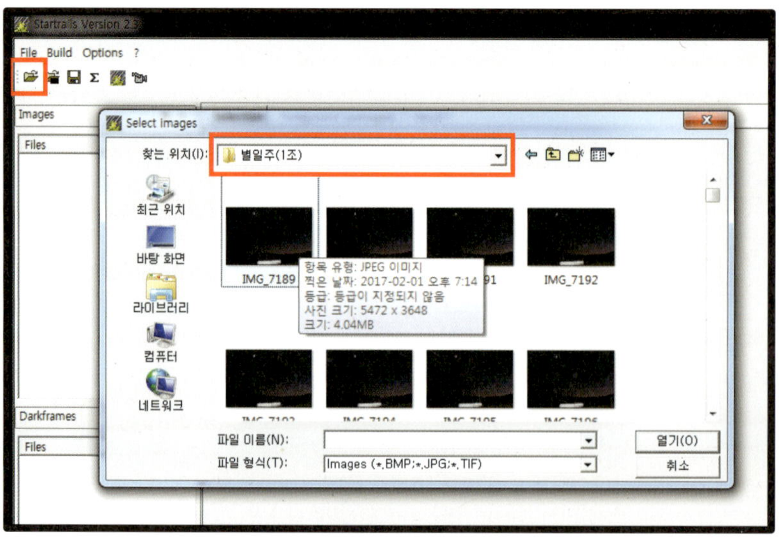

3.7.2.3. 합성할 사진을 지정한다.

마우스 또는 Shift키를 이용하여 별의 일주운동 사진 합성에 포함될 모든 사진파일들을 선택한 후 『열기』 버튼을 클릭한다. 사진을 찍은 후 컴퓨터에 사진을 이동시켜 폴더에 저장할 때 합성에 필요한 사진들을 미리 선별해 놓으면 편리하다.

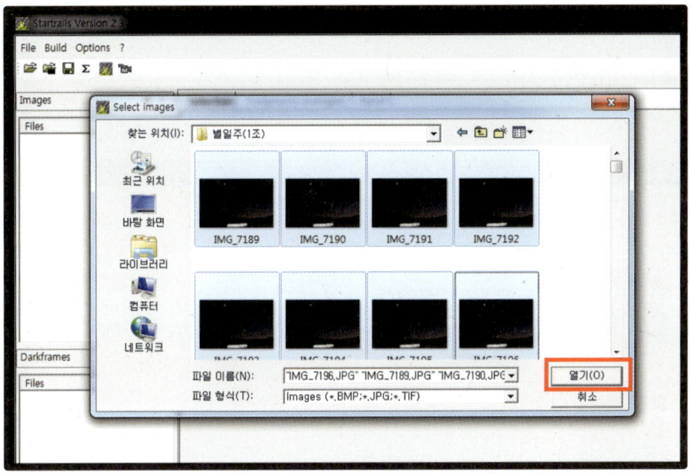

3.7.2.4. 사진 합성을 시작한다.

선택한 사진들을 하나의 사진으로 합성하기 위해 『스타트레일(Startrails) 아이콘』을 클릭한다.

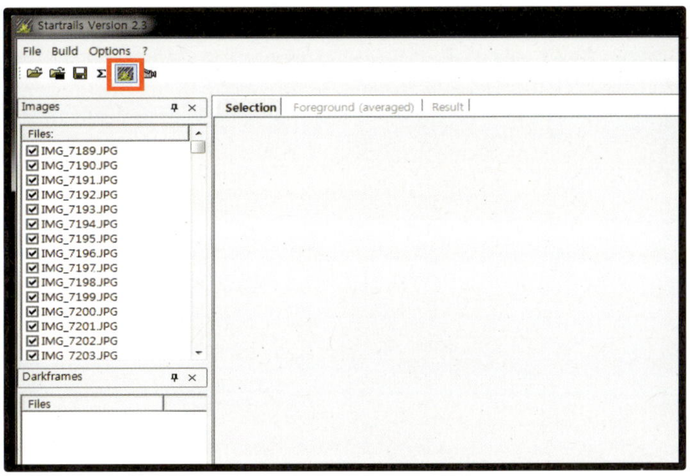

3.7.2.5. 합성하는 방식을 선택한다.

『합성 방식(Blend mode)』에서 두 가지 옵션 중, 『Lighten』을 선택한 후 『OK』 버튼을 누른다.

『Lighten』 방식은 『Lighten-Screen-Blend』보다 사진을 합성하는 속도가 빠르다. 『Lighten』은 별 궤적 사이에 공간(gap)을 만들어 궤적이 끊겨 보이게 할 수 있지만, 지금 합성에 이용하는 사진들은 카메라의 자동 연속 촬영 기능을 이용한 것이므로 별의 궤적이 끊겨 보이는 것은 무시할 수 있다.

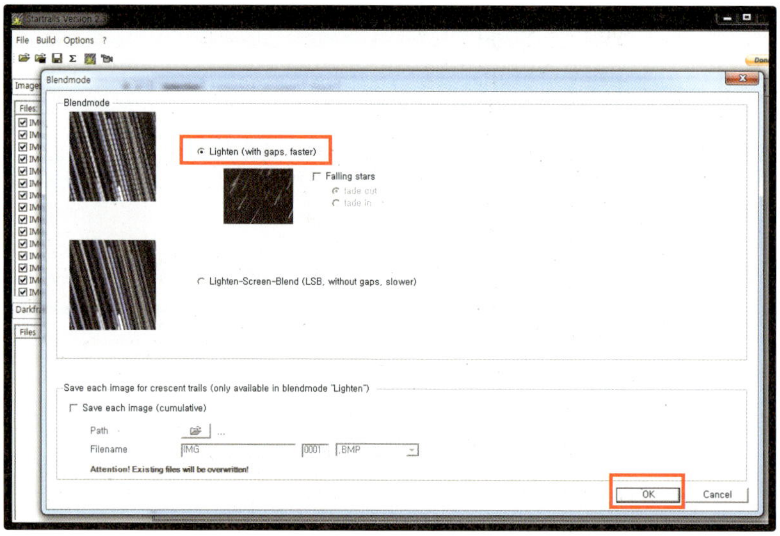

3.7.2.6. 사진이 합성 중이다.

화면 왼쪽 아래 부분에 합성 진행 상황이 나타난다. '59/650'은 전체 사진 650장 중에 59번째 사진이 합성 중임을 의미한다.

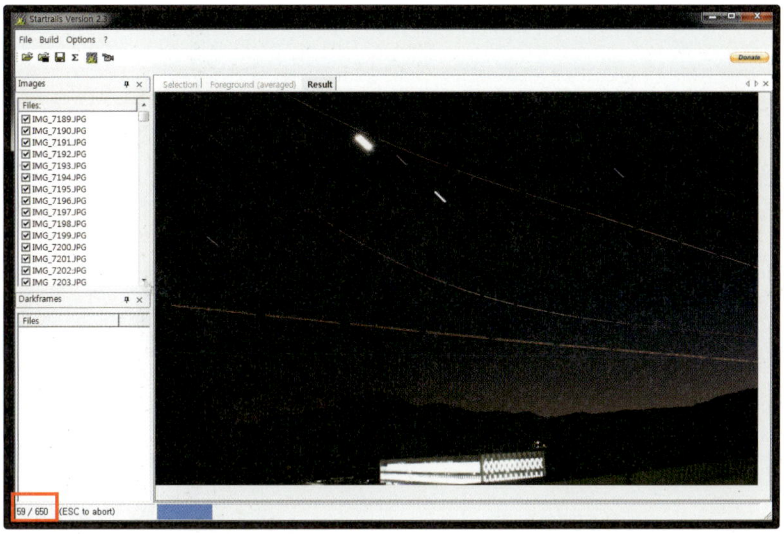

3.7.2.7. 합성한 사진을 저장한다.

별의 일주운동 사진이 완성되면, 『저장(Save image)』 아이콘을 눌러 저장한다. 이때 『압축률(JPEG-compression)』이 나타나는데 기본값으로 90으로 표시된다. 그대로 클릭한다.

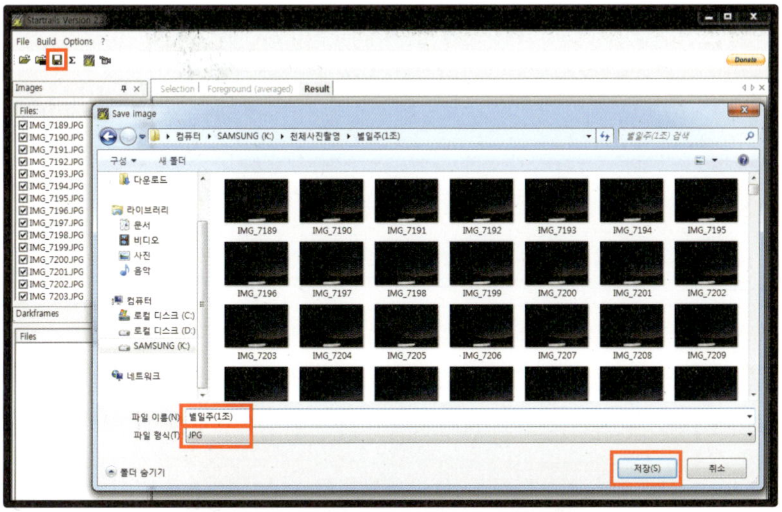

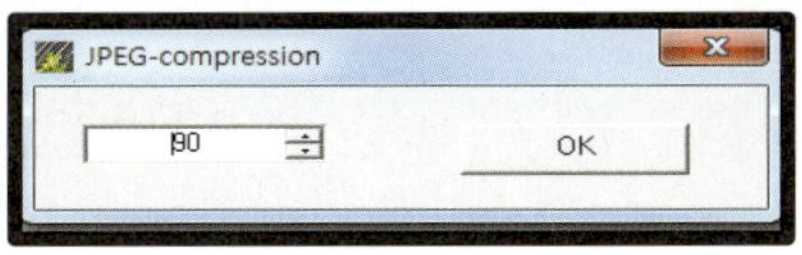

〈별의 일주운동 완성본 - 서울대 10-1동 천문대에서〉

일주운동 관측 보고서

촬영한 일주운동 사진 붙이기

• 촬영자	○○○
• 관측일시	2017년 06월 08일 09시 04분 20초~2017년 06월 08일 10시 08분 00초
• 관측 장소	서울대학교 10-1동 천문대
• 기상상태	맑음
• 망원경	없음
• 카메라	캐논 EOS 700D
• 촬영방법	직초점 방식
• 카메라ISO	100
• 노출시간	30초

활동지

별의 일주운동 사진 합성하기

학습 목표

1. 3차시에서 촬영한 사진을 합성하여 하늘의 일주운동 사진을 만들 수 있다.(startrails 이용)
2. 별의 일주운동 사진에서 나타나는 별의 궤적의 특징을 설명할 수 있다.

준비물

컴퓨터, 3차시에서 촬영한 일주운동 사진

함께해보기

1 3차시에서 촬영한 사진 중, 별의 일주운동 사진으로 합성하는 데 사용한 사진들을 각 모둠의 사진에서 시작 시간과 끝시간이 같도록 골라 별도의 폴더에 담아두자.

구분	첫 사진	마지막 사진
시간(시분초)	(　　)시 (　　)분 (　　)초	(　　)시 (　　)분 (　　)초

2 화면 왼쪽 상단의 『불러오기 아이콘』(Open images)』 아이콘을 클릭한다.

→ 별의 일주운동을 촬영한 사진들이 담긴 폴더를 연다.

3 마우스 또는 Shift키를 이용하여 별의 일주운동 사진에 포함될 모든 사진파일들을 선택한다. → 사진들을 모두 선택한 후, 『열기』 버튼을 클릭한다.

4 선택한 사진들을 하나의 사진으로 합성하기 위해 『스타트레일(Startrails)』 아이콘 클릭.

5 『합성 방식(Blend mode)』에서 두 가지 옵션 중, 『Lighten』을 선택한 후 『OK』 버튼을 누른다.

6 사진이 합성 중이다. 화면 왼쪽 아래의 "△/○"은 전체 사진 ○장 중에 △번째 사진이 합성 중임을 의미한다.

7 별의 일주운동 사진이 완성되면, 『저장(Save image)』 버튼을 눌러 저장한다.

8 모둠별 완성본을 교사에게 전송하거나 USB에 저장한다.

[부록]

별의 일주운동

일주운동 사진은 고정된 지점에서 같은 방향을 카메라를 움직이지 않고 일정 시간 동안 촬영하거나 혹은 같은 장소에서 짧은 일정 시간 촬영한 여러 사진들을 합성하여 만들 수 있다. 일주운동 사진을 가지고 어떤 천문 활동들을 할 수 있는지 알아보자.

◉ 북쪽 하늘의 일주운동

위의 사진을 보면, 가운데 위치한 별을 중심으로 동심원을 그리며 일주운동을 하는 별들의 모습을 볼 수 있다. 이 사진을 통해 어떤 천문 현상을 알 수 있을까?

• 이 사진이 보이는 천문과 관련된 현상을 기록해 보세요.

• 이 사진은 어느 방향으로 촬영한 밤하늘인가?

동심원의 중심 가까운 곳에 별이 보이는데, 이 별이 북극성이다. 따라서 북반구 하늘의 북쪽 하늘을 촬영한 일주운동 사진이라는 것을 알 수 있다. 북극성은 동심원의 중심이 되는 천구의 북극과 거의 일치하는 2등급의 밝은 별이다. 북반구의 하늘에서는 천구에 북극과 거의 일치하는 밝은 별인 북극성이 있지만, 남반구의 하늘에서는 천구의 남극과 가까운 5등급 이상의 밝은 별이 없기에, 위의 사진은 북반구 밤하늘의 북쪽 하늘이라는 것을 알 수 있다.

• 사진의 밑부분으로 갈수록 왜 점점 밝아지는가?

사진의 밑부분으로 갈수록 지면에 가까워진다. 이 사진을 촬영한 장소의 북쪽은 대학교 기숙사가 위치하여, 건물의 불빛이나 가로등 불빛에 의한 광공해가 심하다. 이러한 이유로 그 방향으로 사진을 촬영하게 되면 광공해를 많이 받은 부분은 밝게 나타나게 된다. 이렇게 하늘이 밝게 찍히게 되면, 상대적으로 어두운 별들은 광공해에 가려져 사진에 잘 나타나지 않게 된다. 이는 도심에서 밤하늘을 관측하는 데에 많은 어려움을 주게 된다. 이러한 광공해는 북쪽 밤하늘뿐만 아니라, 모든 방위에 걸쳐서 지표면 근처로 갈수록 뿌옇게 보이게 한다.

• 일주운동 사진 속에 숨어있는 별자리

일주운동 사진은 북쪽 하늘의 사진을 촬영하여 여러 장 합성한 사진이지만, 거꾸로 일주운동 사진을 이용하여 북쪽 하늘에서의 별자리를 확인할 수 있다. 이를 쉽게 확인해보기 위해서, 사진을 인쇄하거나 확대하여 모든 별의 일주운동 궤적의 처음 또는 끝을 표시해 보자. 위의 사진에서 별들은 가운데의 북극성을 중심으로 반시계방향으로 일주운동을 하게 된다. 이 일주운동 궤적의 처음 또는 끝에 표시를 하면, 일주운동을 합성하기 전의 처음 또는 마지막 때에 볼 수 있는 별자리 사진과 같아질 것이다. 위의 사진을 이용하여 아래 사진처럼 비교적 밝게 보이는 별들의 일주운동 궤적의 첫 부분을 붉은 점으로 표시하였다. 아래 사진은 궤적을 좀 더 명확하게 확인하기 위하여 포토샵 처리를 해주었다. 일주운동 사진에서 아래와 같이 붉은색 점으로 표시한 부분을 스텔라리움 프로그램을 이용하여 촬영한 때의 실제 북쪽 하늘의 별자리에 대응시켜 비교해 보자.

위의 두 그림을 비교해보면, 중심에서 오른쪽 아래 방향으로 휘어 돌아가는 작은곰자리를 볼 수 있으며, 왼쪽 아래의 카시오페이아 자리도 확인할 수 있다. 왼쪽 상단에 모여있는 별들은, 매우 밝지는 않지만 기린자리 부근에 모여있는 별들이라는 것을 알 수 있다. 일주운동 사진의 오른쪽 상단 구석에는 매우 밝은 별의 궤적이 나타나는데, 이를 스텔라리움에서 확인을 해보면 북두칠성(큰곰자리)의 일부라는 것 또한 확인할 수 있다. 이런 방식으로, 일주운동 사진 한 장을 이용해서 그 화면에 담겨있는 별자리를 확인하는 활동을 해볼 수 있다.

• 별의 궤적이 밝은 것도 있고 옅은 것도 있다.

별자리의 별들이 동정이 되었으면, 스텔라리움으로 그 별의 정보를 얻을 수 있다. 등급 값이 작은 별이 상대적으로 밝은 별이다. 따라서 위 사진에서 등급이 낮을수록 밝은 궤적으로 그 굵기도 굵어짐을 알 수 있다. 등급에 따라 궤적의 밝기와 굵기를 비교해 보자.

• 얼마간의 시간 동안 촬영된 사진일까?

북반구에서 북쪽 하늘의 별들은 천구의 북극(북극성 부근)을 중심으로 원을 그리며 반시계방향으로 일주운동을 한다. 그리고 일주운동이 한 바퀴 자전하는 주기는 하루(24시간)이다. 북반구 북쪽 하늘의 일주운동에서 별이 움직인 각도를 이용하면 사진에서 얼마큼의 시간 동안 일주운동을 한 것인지를 계산할 수 있다. 앞서 사용했던 사진들을 이용해보자.

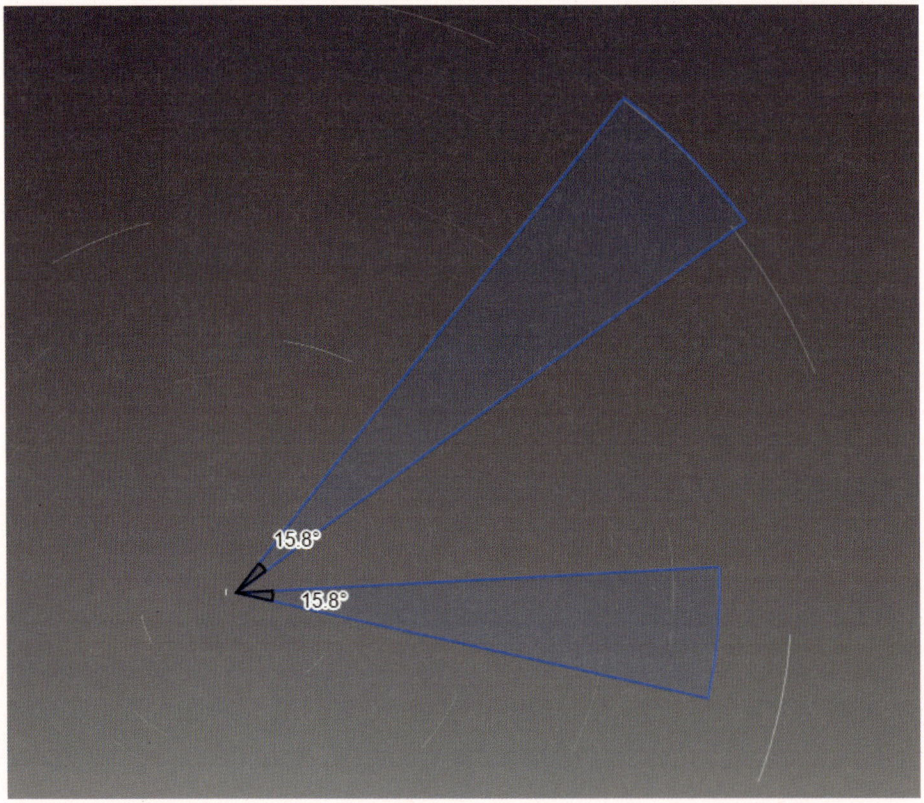

북극성 부근의 원호의 중심을 중심으로 두 별의 일주운동 궤적을 호로 갖는 부채꼴의 중심각을 측정하였다. 이렇게 측정한 중심각의 크기는 15.8°이었다. 이를 시간으로 환산하여보자. 24시간 동안 360°를 회전하므로 15.8°에 해당하는 시간은 다음과 같이 구할 수 있을 것이다.

$$15.8^{\circ} \times \frac{24\text{시간}}{360^{\circ}} \approx \text{약}\,1.053\text{시간} \approx \text{약}\,1\text{시간}\,3\text{분}$$

15.8°를 움직였다는 것은 약 1시간 3분 동안의 일주운동한 궤적을 촬영한 것이다. 위의 일주운동 사진은 2014년 3월 16일 20시 58분부터 22시 02분까지 촬영한 것으로, 약 1시간 4분가량이다. 거의 정확하게 구했음을 알 수 있다. 북반구에서 북쪽 하늘의 일주운동 사진을 이용하면 촬영한 시간이 얼마나 되는지 간단하게 구할 수 있다.

◉ 서쪽 하늘의 일주운동

위의 일주운동 사진은 앞서 제시했던 북쪽 하늘의 일주운동을 촬영했던 장소에서 서쪽 방향을 바라보고 촬영한 것으로 서쪽 하늘의 일주운동 사진이다. 북반구 중위도 서쪽 하늘의 전형적인 오른쪽 하단으로 뻗어가는 일주운동 궤적을 쉽게 확인할 수 있다. 궤적이 지면으로 내려갈수록 광공해에 의하여 가늘어지고, 옅어지는 것을 볼 수 있다.

앞서 북반구 북쪽 하늘에서 했던 활동과 마찬가지로, 위의 별의 일주운동 궤적의 처음 또는 끝부분을 일괄적으로 표시하여 별자리를 찾아보면, 화면 왼쪽 중간 부분의 일렬로 배열된 '삼태성'이라고 불리는 오리온자리의 허리 부분이라는 것을 금방 알아차릴 수 있을 것이며, 겨울철 별자리라고 불리는 별자리들이 보일 것이다.

위의 사진에서 쉽게 찾아볼 수 있는 주요 별들에 대해 알아보자. 먼저, 사진의 가운데 부분을 굵게 가로지르는 별인 오리온자리의 '베텔게우스'를 확인할 수 있다. 그 아래쪽을 평행하게 가로지르는 '벨라트릭스'도 확인할 수 있다. 앞서 언급했던 '삼태성'도 확인할 수 있으며, 이름을 왼쪽부터 나열하면 각각 알니탁, 알닐람, 민타카이다. 그리고 사진의 오른쪽에 선명하게 나타나있는 별은 황소자리의 알데바란이다. 이 여섯 개의 별을 이용하여 확인할 수 있는 것에는 어떤 것이 있을까?

일주운동의 궤적을 보면 별 궤적의 색과 굵기에 차이가 있다는 것을 느낄 수 있다. 예를 들어, 베텔게우스는 궤적이 굵으며, 그 색은 다른 별들에 비해 붉다. 베텔게우스의 궤적 옆으로 궤적을 그리고 있는 벨라트릭스는 베텔게우스만큼은 아니지만 굵은 편이며, 색은 푸른색이다. 그리고 베텔게우스만큼은 아니지만 사진 오른쪽의 알데바란도 붉은 편이며, 굵기는 벨라트릭스와 비슷하다. 삼태성이라 불리는 알니탁, 알닐람, 민타카는 모두 푸른색을 띠며 굵기 또한 세 별이 서로 비슷하다. 이 별들의 밝기와 색을 비교해보자.

별 이름	베텔게우스	벨라트릭스	알데바란	삼태성		
				알니탁	알닐람	민타카
겉보기 등급	0.45	1.6	0.85	1.85	1.65	2.40
색지수/분광형	1.52/M	-0.22/B	1.55/K	-0.09/O	-0.19/B	-0.03/O

이 표를 통해 확인할 수 있는 것은 색지수와 분광형이다. 베텔게우스나 알데바란과 같은 색지수가 높은 별들은 붉게 보이고, 벨라트릭스나 삼태성과 같이 색지수가 낮은 별들은 푸른색을 띤다는 것이다. 다시 위의 표를 보면, 궤적이 굵은 베텔게우스나 알데바란과 같은 별들은 겉보기 등급의 숫자가 낮고, 삼태성과 같이 얇게 나타난 별들은 겉보기 등급의 숫자가 높은 것을 알 수 있다. 우리가 눈으로 보는 별의 밝기는 겉보기 등급이라는 수치를 이용하여 비교할 수 있다. 별의 등급은 숫자가 낮을수록 밝은 별임을 나타낸다. 베텔게우스가 0.45로 가장 낮은 숫자를 갖고 있기에, 사진에서 볼 수 있는 별 중에서 가장 밝은 별임을 알 수 있다. 그 다음으로 밝은 별은 0.85의 등급을 가진 알데바란이다. 위의 사진에서도 1.6등급의 벨라트릭스보다 조금 더 굵게 나타나는 것을 볼 수 있다. 궤적의 굵기가 지평선에 가까워질수록 가늘어지는 것은 앞서 언급한 광공해 때문일 것이다. 대기 소광 효과가 있겠지만 별의 고도 차가 작기에 이 효과는 거의 비슷할 것으로 생각된다. 대기 소광 효과는 별의 고도가 높을 때와 낮은 때의 동일한 별의 플럭스를 비교해 보면 알 수 있다.

아래의 사진들은 어느 방향의 일주운동 사진일까? 스텔라리움에서 2014년 3월 16일 밤하늘과 비교하면서, 별자리, 별의 등급, 별의 색 등을 알아보자. 이 사진들을 보고 천문 현상과 관련된 질문을 해 보고, 그 질문에 대하여 여러분의 생각을 정리해 보자.

3.8. 직초점 촬영법(카메라) – 행성, 위성

앞에서는 천체 촬영을 하기에 앞서 사진 촬영에 필요한 기본적인 기구와 지식 그리고 카메라로 촬영하는 방법 그리고 고정 촬영법에 대하여 알아보았다. 이 장에서는 카메라를 망원경에 결합을 시켜 행성과 위성을 촬영하는 방법에 대하여 알아보도록 한다. 망원경과 카메라를 결합하는 방법에는 여러 가지가 있지만 직초점 촬영법을 사용하여 행성과 위성 사진을 찍어보는 활동을 하도록 한다.

직초점 촬영법은 망원경의 접안렌즈와 카메라의 렌즈를 제거하고 어댑터를 이용하여 직접 망원경의 접안부에 카메라를 부착시키는 방법으로 대물렌즈에 의해 생긴 상이 직접 카메라의 CCD, 필름에 맺히게 하는 방식이다. 따라서 이 방식의 초점 길이는 망원경 주경의 초점 길이 그대로이다. 이 방식은 접안렌즈를 사용하지 않으므로 렌즈의 수차에서 오는 영향이 없어 선명한 상을 얻을 수 있기에 천체 사진법의 대표적인 것이라 할 수 있다. 이 방법은 태양, 달, 행성, 성운, 성단 등을 촬영하는 데 사용된다.

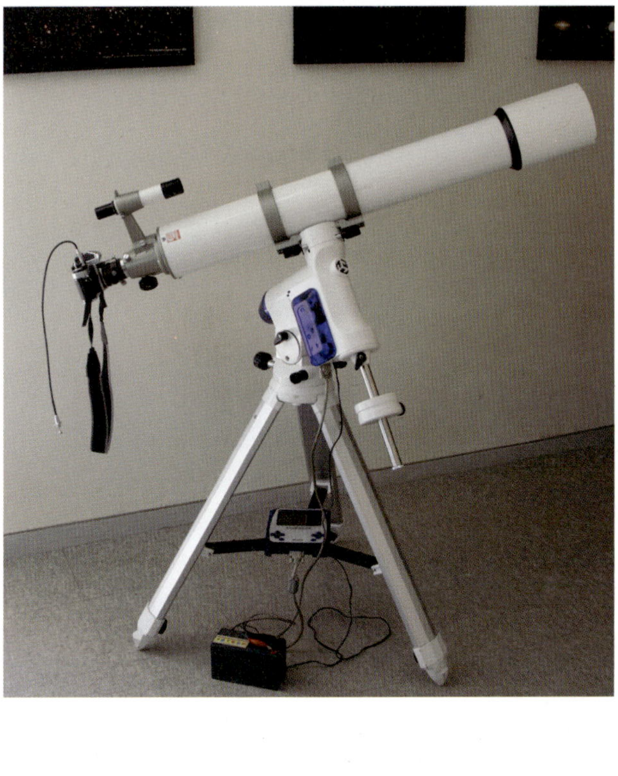

카메라와 망원경을 정확하게 연결하여 안정된 상을 얻기 위하여 카메라에 알맞은 전용 어댑터가 필요하며 스마트폰용 어댑터 역시 시중에서 구할 수 있다. 여러 장의 사진을 계속 찍을 경우 스마트폰이라고 하더라도 어댑터를 사용하면, 안정된 이미지를 손쉽게 구할 수 있다.

사진을 찍는 동안 주 망원경을 볼 수 없으므로 반드시 보조 망원경을 이용해 촬영하는 대상의 추적되는 정도를 판단하고 보정하여 사진을 찍도록 한다.

3.8.1. 직초점 촬영에 필요한 기본적인 기구

적도의식 망원경, 어댑터, T링[4], 디지털카메라가 필요하다.

망원경의 초점이 직접 카메라의 CCD에 닿는 형식으로, '망원경-직초점 어댑터, T링-카메라 몸체' 순으로 연결한다. 순서대로 나열한 사진은 아래와 같다.

직초점 어댑터 T링 카메라 몸체

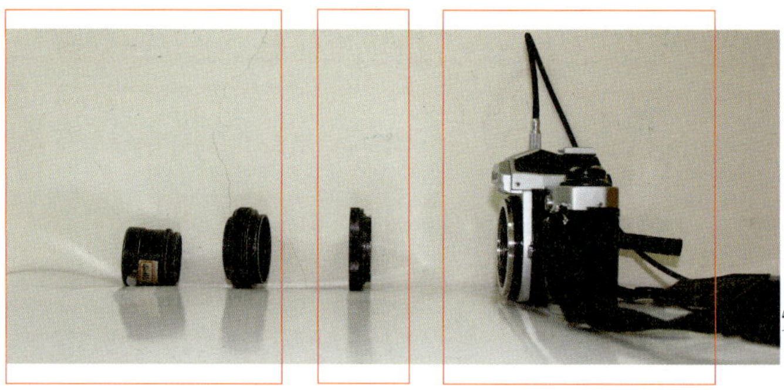

4) 어댑터와 카메라를 연결시켜주는 도구로 카메라의 종류에 따라 다름

3.8.2. 행성 촬영방법

3.8.2.1. 적도의식 망원경을 설치한다.

다음 체크리스트를 확인하여 망원경 설치가 올바로 되어있는지 확인해 보자.

☐ 삼각대가 끝까지 잘 펴져 있는가? 단단히 조여져 있는가?
☐ 가대의 방향이 올바르게 설치되어 있는가?
☐ 경통의 앞뒤 균형이 잘 맞는가?
☐ 경통과 무게추 간의 균형이 잘 맞는가?
☐ 파인더의 중심과 접안렌즈 상의 중심이 일치하는가?
☐ 멀리 있는 물체에 초점이 잘 맞는가? 너무 가까운 물체에 초점을 맞추진 않았는가?

가이드 촬영이 필요한 경우에 다음 사항들도 확인해 보자.

☐ 극축 망원경에 북극성이 맞춰져 있는가?
☐ 별 정렬(Star Alignment)을 수행하였는가?
☐ GOTO가 정확하게 이루어지는가?

3.8.2.2. 천체 망원경에 디지털 카메라를 부착하도록 한다.

☐ 접안렌즈 부분에 어댑터를 이용하여 디지털 카메라를 연결하도록 한다.
☐ 카메라의 무게로 인하여 경통과 무게추 간의 균형을 다시 맞추도록 한다.

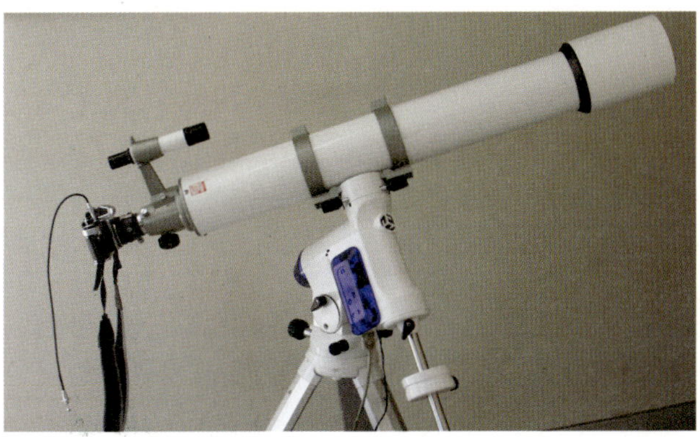

3.8.2.3. 카메라의 초점을 설정한다.

밝은 대상을 활용하여 카메라의 초점을 무한대로 설정한다.

3.8.2.4. 촬영대상을 선정한다.

촬영할 대상을 선정한 후 구도를 잡고 추적을 시작한다. 가이드 망원경으로 가까운 별에 맞추어 기준별로 삼는다.

3.8.2.5. 촬영한다.

대상을 추적 확인 후, 가이드 망원경을 들여다보며 확인하면서 촬영한다. 촬영하는 대상과 촬영 조건에 따라 좋은 천체 사진을 찍기 위하여 셔터속도, ISO, 조리개 등을 조작하여 설정한다. 적절한 노출시간을 주어 사진을 찍는다.

관측 보고서

촬영한 사진 붙이기

• 촬영자	○○○
• 관측대상	목성
• 관측일시	2017년 5월 31일 오후 8시 26분
• 관측 장소	서울대학교 10-1동 천문대
• 기상상태	맑음, 운량(전체를 10으로 할 때): 6 옅은 안개 유무: 없음
• 망원경	구경 140mm 초점거리 800mm vixen
• 카메라	cannon EOS 100D
• 촬영방법	직초점 방식
• 카메라ISO	100
• 셔터속도	1/20sec
• 관측 특징	

3.8.3. 행성의 위성 촬영방법

위성 촬영 방법은 행성 촬영방법과 동일하다. 다만 행성을 촬영할 때와 다르게 주의해야 할 사항이 몇 가지 있다. 다음의 주의 사항들을 고려하여 위성을 촬영해보도록 하자.

[질문] 위성을 또렷하게 사진을 찍기 위해서는 행성의 표면을 촬영할 때와 카메라 조작을 어떻게 다르게 해야 할까?

해설 위성은 행성보다 밝기가 약하다. 따라서 행성의 표면을 촬영할 때보다 행성의 위성을 촬영 시 많은 빛을 받아야 한다. 행성 표면 촬영 때보다 일반적으로 노출시간을 길게 하거나 ISO 값을 크게 하여야 위성 촬영이 가능하다. 초점, ISO, 노출시간, 조리개 값을 달리하여 행성과 위성을 각각 촬영을 해보도록 한다.

왼쪽 사진은 목성의 표면을 찍은 것이고 오른쪽 사진은 목성의 위성을 찍은 사진이다. 왼쪽 사진처럼 목성을 대상으로 사진을 찍으면 어두운 위성은 함께 촬영이 잘 되지 않을 수도 있다. 오른쪽 사진처럼 어두운 위성을 대상으로 사진을 찍을 경우, 노출시간을 길게 하거나 ISO를 높게 설정하는데 이 과정에서 상대적으로 목성은 매우 밝게 나타날 수 있다.

목성(ISO-100, 1/20s)

목성의 위성(ISO-3200, 1/6s)

참고로, 촬영한 위성이 무엇인지 알아보기 위해서는 스마트폰의 어플리케이션을 활용하면 실시간 위성의 위치를 알 수 있다. 아래 사진은 어플에 나타난 목성과 4개의 위성의 위치 모습이다.

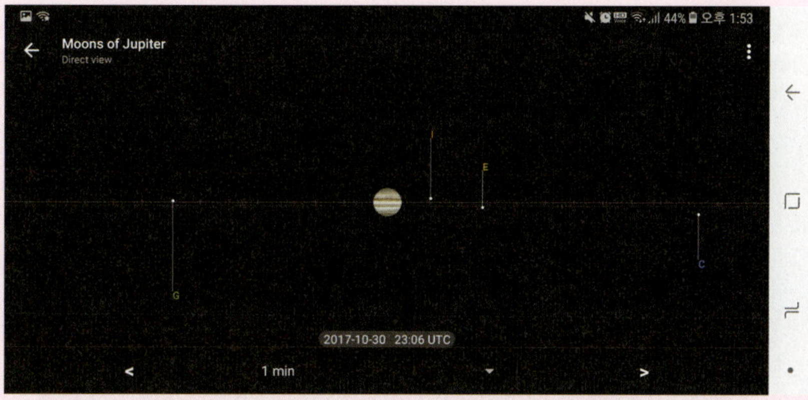

목성의 위성을 알아보는 어플리케이션 화면

[질문] 목성이나 위성의 공전주기를 구하기 위해서는 목성 위성의 사진을 어느 정도의 간격으로 얼마나 찍어야 할까?

해설 위성의 공전궤도 반지름을 구하기 위해서는 행성에서 최대로 멀어진 지점을 꼭 촬영해야 한다. 공전주기가 짧은 위성의 경우 1시간 간격으로 촬영해도 충분하지만, 공전주기가 긴 위성의 경우에는 촬영 간격이 더 길어져야 한다. (하루만 관측할 경우 공전주기가 가장 짧은 위성에 대해서만 분석이 가능하다)

예) 목성의 위성(주기)-이오(1.77일), 유로파(3.55일), 가니메데(7.16일), 칼리스토(16.69일)

예) 토성의 위성(주기)-타이탄(15.94일), 레아(4.52일)

관측 보고서

촬영한 사진 붙이기

• 촬영자	○○○
• 관측대상	목성의 위성
• 관측일시	2017년 5월 12일 오후 9시 5분
• 관측 장소	서울대학교 10-1동 천문대
• 기상상태	보통 운량(전체를 10으로 할 때): 6 옅은 안개 유무: 없음
• 망원경	구경 140mm 초점거리 800mm vixen
• 카메라	cannon EOS 100D
• 촬영방법	직초점 방식
• 카메라ISO	3200
• 셔터속도	1/6 sec
• 관측 특징	왼쪽부터 가니메데, 이오, 유로파, 칼리스토

관측 보고서

촬영한 사진 붙이기

• 촬영자	○○○
• 관측대상	타이탄(토성의 위성)
• 관측일시	2017년 10월 21일 18시 35분
• 관측 장소	서울대학교 10-1동 천문대
• 기상상태	보통　운량(전체를 10으로 할 때): 7　엷은 안개 유무: 있음
• 망원경	구경 140mm 초점거리 800mm vixen
• 카메라	cannon EOS 100D
• 촬영방법	직초점 방식
• 카메라ISO	800
• 셔터속도	2.5s
• 관측 특징	

활동지

카메라를 이용한 직초점 촬영법

학습 목표

1. 망원경에 카메라를 부착하여 행성을 촬영할 수 있다.

준비물

적도의식 망원경, 어댑터, T링, 디지털카메라

함께해보기

1 적도의식 망원경을 설치한다.

다음 체크리스트를 확인하여 망원경 설치가 올바로 되어있는지 확인해 보자.

- ☐ 삼각대가 끝까지 잘 펴져 있는가? 단단히 조여져 있는가?
- ☐ 가대의 방향이 올바르게 설치되어 있는가?
- ☐ 경통의 앞뒤 균형이 잘 맞는가?
- ☐ 경통과 무게추 간의 균형이 잘 맞는가?
- ☐ 파인더의 중심과 접안렌즈 상의 중심이 일치하는가?
- ☐ 멀리 있는 물체에 초점이 잘 맞는가? 너무 가까운 물체에 초점을 맞추진 않았는가?

가이드 촬영이 필요한 경우에 다음 사항들도 확인해 보자.

- ☐ 극축 망원경에 북극성이 맞춰져 있는가?
- ☐ 별 정렬(Star Alignment)을 수행하였는가?
- ☐ GOTO가 정확하게 이루어지는가?

2 천체 망원경에 디지털 카메라를 부착하도록 한다.

3 카메라의 초점을 설정한다.

4 촬영대상을 선정한다.

5 대상을 추적 확인 후 촬영한다.

좋은 천체 사진을 찍기 위하여 셔터속도, ISO, 조리개 등을 적절하게 설정한다. 적절한 노출시간을 주어 사진을 찍는다.

3.9. 어포컬 촬영법(스마트폰)–달

카메라 대신에 스마트폰을 이용하여 어포컬 촬영을 할 경우 어댑터 없이도 촬영을 할 수 있고, 특별한 기술이 필요하지 않아 손쉽게 사진을 찍을 수 있다. 따라서 스마트폰을 이용한 어포컬 촬영법은 일반인이나 초등학생들도 쉽게 천체 사진 촬영에 접근할 수 있는 방법이다. 이번 단원에서는 천체 망원경과 스마트폰을 이용해 달을 촬영해 보는 활동에 대하여 알아보도록 한다.

3.9.1. 스마트폰 촬영에 필요한 기본적인 기구

천체 망원경, 스마트폰, 스마트폰 어댑터가 필요하다.

안정된 사진을 얻기 위한다면 스마트폰 어댑터를 연결하여 촬영하면 된다. 스마트폰용 어댑터 역시 시중에서 쉽게 구할 수 있다.

3.9.2. 스마트폰을 활용한 달 촬영방법

3.9.2.1. 천체 망원경을 설치한다.

다음 체크리스트를 확인하여 망원경 설치가 올바로 되어있는지 확인해 보자.

- ☐ 삼각대가 끝까지 잘 펴져 있는가? 단단히 조여져 있는가?
- ☐ 가대의 방향이 올바르게 설치되어 있는가?
- ☐ 경통의 앞뒤 균형이 잘 맞는가?
- ☐ 경통과 무게추 간의 균형이 잘 맞는가?
- ☐ 파인더의 중심과 접안렌즈 상의 중심이 일치하는가?
- ☐ 멀리 있는 물체에 초점이 잘 맞는가? 너무 가까운 물체에 초점을 맞추진 않았는가?

3.9.2.2. 경통의 방향을 대략적으로 달 근처로 이동시킨다.

적경, 적위 나사(클램프)를 풀어 경통의 방향을 대략적으로 달 근처로 이동시킨다. 망원경 설치 시 경통의 균형을 제대로 맞추지 않았을 경우 적경, 적위 나사를 풀었을 경우 경통이 쉽게 돌아가므로, 사전에 무게 중심을 잘 맞추어야 한다.

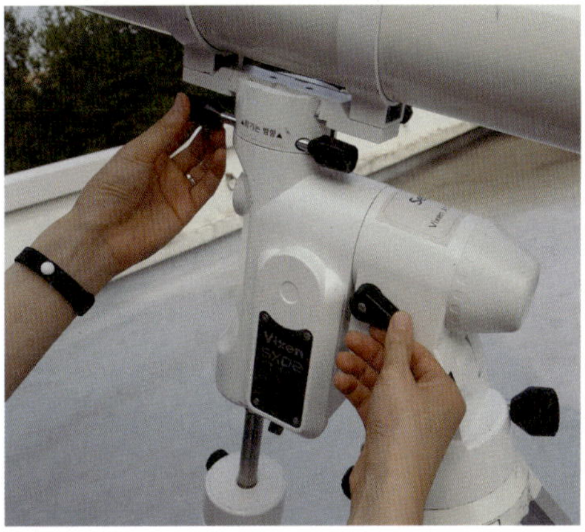

3.9.2.3. 보조 망원경에 달을 위치시킨다.

양쪽 눈을 다 뜬 상태에서 오른쪽 눈은 보조 망원경을, 왼쪽 눈은 달을 응시한다. 보조 망원경으로 보이는 달과 왼쪽 눈으로 보이는 달이 서로 일치할 때까지 경통을 움직인다.

3.9.2.4. 주 망원경 중앙에 달을 위치시켜 달을 관찰한다.

접안렌즈를 보면서 경통을 조금씩 조정하여 달을 시야의 중앙에 위치시키어 관찰한다. 세밀한 조정이 필요할 경우 적경, 적위 나사를 잠그어야만 미동나사가 돌아가고 (미동 나사가 있을 경우) GOTO 리모컨을 이용할 수 있다.

3.9.2.5. 스마트폰으로 촬영한다.

지구의 자전으로 인해 달이 시간이 지남에 따라 망원경의 시야에서 벗어나게 된다. 따라서 달의 일부만 망원경에 들어올 때는 접안렌즈 중심에 달이 있는지 확인을 하며 촬영을 해야 한다. 접안렌즈 중심에 달이 보이는 것을 확인한 후 스마트폰의 렌즈와 접안렌즈의 중심을 잘 맞추어 상이 스마트폰에 들어오게 조정한다. 아래의 왼쪽 그림처럼 스마트폰 카메라의 렌즈와 접안렌즈가 일직선이 되도록 위치하여 사진을 찍도록 한다.

카메라렌즈와 접안렌즈가 일직선으로 일치된 모습	카메라렌즈와 접안렌즈가 엇갈린 모습

사진을 찍을 때 한 사람은 카메라의 위치를 조정하고, 다른 사람은 셔터를 눌러주면 촬영이 더 쉽게 이뤄질 수 있다. 또한 스마트폰의 경우에도 DSLR에서처럼 ISO나 노출시간을 설정하는 고급촬영 기능이 있기 때문에 적절하게 이를 변경하여 촬영할 경우 더욱 멋진 달을 촬영 가능하다.

달의 위상에 따라 달의 테두리, 지형 등이 잘 나오도록 사진을 여러 장 촬영해 보도록 한다.

스마트폰으로 촬영한 개기월식 때의 달

활동지

스마트폰을 이용한 어포컬 촬영법

▎학습 목표

1. 천체 망원경을 조작해 달을 관측할 수 있다.
2. 천체 망원경과 스마트폰을 이용해 달을 촬영할 수 있다.

▎준비물

천체 망원경, 스마트폰

▎함께해보기

1 천체 망원경을 설치해 보자. (특히 파인더 정렬이 잘 이뤄지도록 주의하도록 한다.)

다음 체크리스트를 확인하여 망원경 설치가 올바로 되어있는지 확인해 보자.

- □ 삼각대가 끝까지 잘 펴져 있는가? 단단히 조여져 있는가?
- □ 가대의 방향이 올바르게 설치되어 있는가?
- □ 경통의 앞뒤 균형이 잘 맞는가?
- □ 경통과 무게추 간의 균형이 잘 맞는가?
- □ 파인더의 중심과 접안렌즈 상의 중심이 일치하는가?
- □ 멀리 있는 물체에 초점이 잘 맞는가? 너무 가까운 물체에 초점을 맞추진 않았는가?

2 경통 뒤에 서서 경통의 방향을 대략적으로 달 근처로 이동시켜준다.

3 양쪽 눈을 다 뜬 상태에서 오른쪽 눈은 보조 망원경을, 왼쪽 눈은 달을 응시한다. 보조 망원경으로 보이는 달과 왼쪽 눈으로 보이는 달이 서로 일치할 때까지 경통을 움직인다.

4 어느 정도 일치되면 접안렌즈를 보면서 경통을 조금씩 조정하여 달을 시야의 중앙에 위치시킨다.

5 망원경의 접안렌즈에 나타나는 상을 스마트폰으로 찍어보자.

* 주의점: 지구의 자전으로 인해 달이 시간이 지남에 따라 망원경의 시야에서 벗어나게 된다. 따라서 달의 일부만 망원경에 들어올 때는 접안렌즈 중심에 달이 있는지 확인을 하며 촬영을 해야 한다.

6 달의 테두리, 지형 등이 잘 나오도록 사진을 여러 장 촬영하여 보자.

Chapter 4

천체 관측과 함께하는 천체 탐구 활동

4.1. 별자리의 연주운동

밤하늘을 관측해보면 별이 균일하게 있는 것처럼 보이거나 특정 지역에 많은 별이 모여 있는 것처럼 보이기도 한다. 이처럼 밤하늘에서 볼 수 있는 불빛에 대한 작은 호기심에서 시작하여 천문학은 발달해 온 것인지도 모른다. 앞서 별자리의 일주운동에 대해 살펴보았는데 이번에는 이를 반복적으로 관측하면 어떤 현상을 관측할 수 있을지에 대한 또 다른 의문에서 시작하였다.

이번 단원의 목표는 계절에 따른 별자리의 움직임을 천체 망원경을 이용해 촬영하고 계절에 따른 별자리의 움직임을 설명하는 데 있다. 별자리 일주운동의 사진 촬영에서 하루 동안 별의 위치가 북극성을 중심으로 회전하는 것을 확인하였다. 스텔라리움 혹은 스카이 맵으로 동시에 별자리의 위치 변화를 알아보는 과정을 경험할 수 있다면 이번 단원에서는 매일 하루 특정 시각에 반복적으로 별자리의 위치를 관측하면 별자리가 어떤 움직임을 보이는지에 대한 의문을 갖고 접근해보려 한다. 이러한 운동을 별의 연주운동이라 부르는데, 별의 일주운동과는 어떻게 다른지 살펴볼 것이다. 이를 통해 밤하늘에 움직이는 별자리의 위치 변화를 좀 더 자세히 살펴볼 수 있다.

그림 4-1-1 별자리의 연주운동

[그림 4-1-1]은 서쪽 하늘을 중심으로 천칭자리의 위치가 변화하는 것을 나타낸 것이다. 파랑, 주황, 검은색 순으로 관측한 것이고 화살표 방향으로 이동한다. 관측은 매일 같은 시각 동일한 위치에서 촬영하였다. 천칭자리는 파랑, 주황, 검은색 순서대로 동쪽 → 서쪽으로 이동한다. 하루 간격으로 같은 시각 동일한 장소에서 관측한다면 별자리의 위치 변화를 알아내는 것이 어려울 수도 있겠지만, 일주일 단위로 관측한 것을 본다면 위의 그림과 같이 동쪽에서 서쪽으로 이동한 것을 쉽게 알 수 있을 것이

다. 하루에 얼마나 움직였는지를 확인하면 우리는 별자리가 약 1°씩 동쪽에서 서쪽으로 이동하는 것을 알 수 있다. 우리는 별자리가 매일 동쪽에서 서쪽으로 이동하면서 천구상에서 한 바퀴 회전하는 현상을 별의 연주운동이라고 한다. 그렇다면 우리는 별의 연주운동이 어떻게 나타나게 되는 것인지에 대해 의문이 생긴다.

아래 과정은 이와 같은 의문을 해결하기 위한 과정으로 익히고 활용하는 데 도움이 될 것이다. [그림 4-1-1]은 지구에서 관측자를 중심으로 관측하였다는 사실을 기억하자. 그리고 지구는 일 년 동안 태양의 주위를 한 바퀴 돈다는 사실은 초등학교 교육과정에서 처음 나온 이래로 여러 번 들어본 적이 있을 것이다. [그림 4-1-1]에서 지구 관측자를 기준으로 천칭자리가 움직이는 것을 보았는데 그렇다면 태양의 위치는 어떻게 보일까? 태양의 위치는 별자리에 대해서 약 1°씩 서쪽에서 동쪽으로 이동한다. 그래서 1년 뒤에 다시 같은 밤하늘의 위치로 돌아오게 된다. 이와 같이 태양이 1년을 주기로 천구상에서 한 바퀴 회전하는 현상을 태양의 연주운동이라고 한다. 태양의 연주운동은 지구의 공전 때문에 보이는 겉보기 운동이라고 할 수 있다.

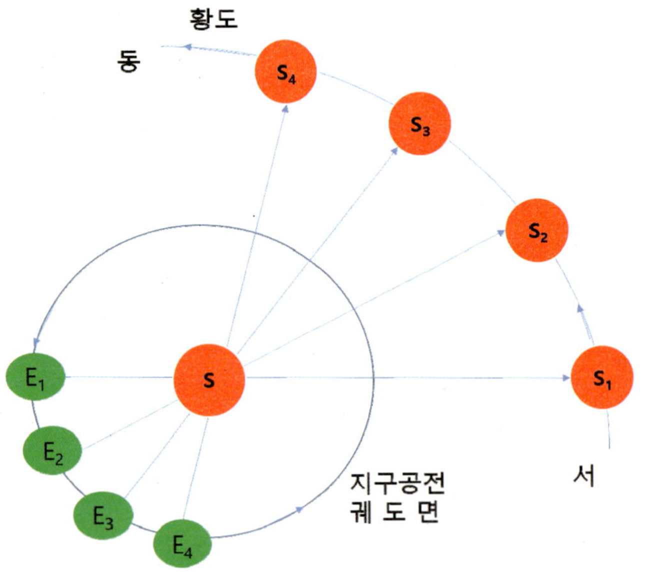

그림 4-1-2 태양의 연주운동

[그림 4-1-2]를 보면 지구의 공전궤도면을 따라서 지구는 시간에 따라 E1 → E2 → E3을 거쳐 E4로 공전한다. 이때 천구상에 나타나는 태양의 위치는 S1 → S2 → S3 → S4와 같이 나타나게 된다. 그렇기 때문에 태양의 연주운동 방향은 서쪽 →

동쪽이다. 태양의 연주운동 각속도는 360°를 365일로 나누는데 대략 약 1°/일 로 나타낼 수 있다.

천구상에 태양이 이동하는 것처럼 보이는 것과 앞서 천칭자리가 움직이는 것의 원인은 무엇일까? 별의 연주운동과 태양의 연주운동이 나타나는 이유가 무엇일까? 이는 지구가 태양 주위를 돌고 있는 현상, 즉 공전 때문에 나타나는 겉보기 운동으로 모든 것이 설명 가능하다.

[그림 4-1-3]은 태양을 중심으로 별자리들이 동일한 거리에 위치한다고 가정하고 그린 것이다. 태양이 천구상에서 진행하는 길을 황도라고 한다. 태양이 연주운동할 때 거쳐 가는 황도상에 12개의 별자리가 있는데, 이것을 **황도 12궁**이라고 한다. 따라서 태양은 1년을 주기로 한 달에 대략 1궁씩 이동한다.

[그림 4-1-3]에서 지구가 A → B로 이동하는 상황을 살펴보자. 지구가 A에 있을 때는 자정에 궁수자리가 밤하늘에 떠있을 것이다. 왜냐하면 궁수자리, 지구, 태양이 일직선상에 위치하게 되면 A를 기준으로 태양을 가리키는 방향이 정오(낮 12시)를 가리키고 이때는 별이 보이지 않을 것이다. 따라서 이날 지구가 180° 회전하여 한밤중이 되면 남쪽 하늘에는 궁수자리가 보일 것이다. 이 시기를 기준으로 하여 지구가 B로 옮겨지면 자정 남쪽 하늘에는 물병자리가 보일 것이다. 지구는 A에서 B로 진행하면서 궁수자리는 동에서 서로 이동하는 것을 이해할 수 있다.

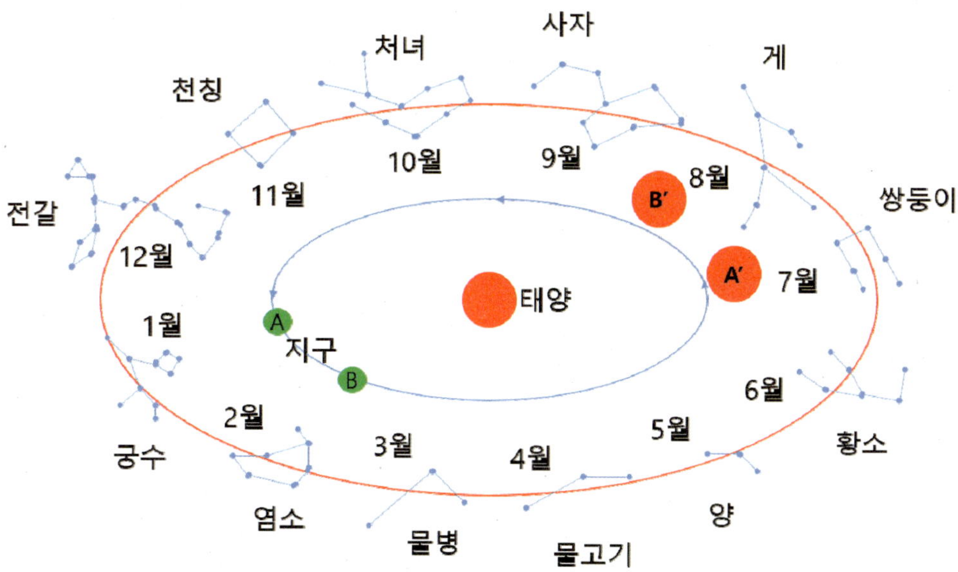

그림 4-1-3 태양의 연주운동과 황도 12궁

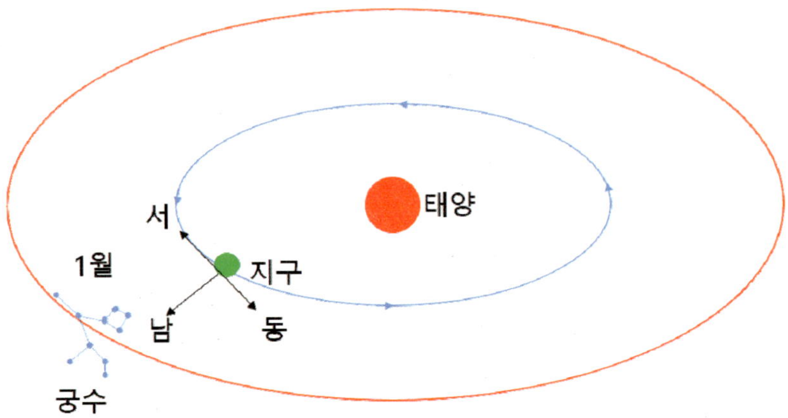

그림 4-1-4 태양-지구-궁수자리

태양과 지구를 일직선의 위치에 둔다. 그러면 낮과 밤의 시기, 태양이 뜨고 지는 때를 알 수 있다. 지구 관측자를 기준으로 관측자 머리 위에 태양이 있는 때는 정남쪽 정오를 나타내고 이때는 태양 때문에 별이 보이지 않는다. 반대로 180°도 자전하여 정남쪽 자정에 위치할 경우 태양은 보이지 않고 관측자 머리 위에 A 위치를 기준으로 하면 [그림 4-1-4]와 같이 남중하는 궁수자리가 보이게 된다. 그렇기 때문에 지구 관측자를 기준으로 지구가 공전함에 따라서 A 위치에서 B로 이동하면 궁수자리가 먼저 보이고 B로 이동할수록 염소자리가 정오에 정남쪽 방향에 오게 된다. 동시에 지구가 A 위치에 있을 때 천구상에서 태양의 천구상의 위치를 알아보면 A'는 쌍둥이자리에서 B'는 게자리로 이동함을 알 수 있다. 이와 같이 1년을 주기로 태양은 황도 12궁을 한 달에 1궁씩 이동하게 되고, 1년 뒤면 다시 원래의 자리로 돌아온다.

〈표 4-1〉은 지구의 위치에 따라 태양이 지나는 별자리와 한밤(0시)에 남중하여 지구 관측자의 위치에서 볼 수 있는 별자리를 나열한 것이다.

표 4-1 지구의 위치와 별자리

지구의 위치	태양이 지나는 별자리 (해당 월 별자리)	한밤에 남중하여 관측 가능한 별자리
1월	쌍둥이자리	궁수자리
2월	게자리	염소자리
3월	사자자리	물병자리
4월	처녀자리	물고기자리
5월	천칭자리	양자리
6월	전갈자리	황소자리
7월	궁수자리	쌍둥이자리
8월	염소자리	게자리
9월	물병자리	사자자리
10월	물고기자리	처녀자리
11월	양자리	천칭자리
12월	황소자리	전갈자리

관측 보고서

봄, 여름, 가을, 겨울철 별자리를 관측하고 황도 12궁을 그려보자.

(봄, 여름, 가을, 겨울)철 촬영한 별자리 사진 붙이기

• 촬영자	
• 관측대상	
• 관측일시	
• 관측 장소	
• 기상상태	
• 망원경	
• 카메라	
• 촬영방법	
• 카메라ISO	
• 셔터속도	
• 관측 특징	

황도 12궁 그리기

봄, 여름, 가을, 겨울철 관측한 별자리와 함께 태양, 지구, 별의 위치를 나타낼 수 있도록 황도 12궁을 그려보자.

황도 12궁

4.2. 달의 일주운동

깜깜한 밤하늘에 유난히 크고 밝게 빛나는 천체가 있다. 바로 달이다. 달은 지구와 가장 가까운 천체이며 지구에서 관찰했을 때 태양 다음으로 밝은 천체이다. 이러한 이유로 달은 지구에서 육안으로 쉽게 관측할 수 있으며, 밤하늘에서 명확하게 구분해 낼 수 있다. 우리는 이러한 달을 항상 볼 수 있을까? 달은 항상 같은 시간에 같은 위치에서 빛나고 있을까? 밤하늘에서 달을 찾아본 적이 있는 사람이라면 그렇지 않다는 것을 금방 알 것이다. 달의 위치가 시간에 따라 달라지기 때문이다. (달뿐만 아니라 지구에서 관찰하는 모든 천체는 시간에 따라 움직인다.) 그렇다면 달은 시간의 흐름에 따라 어떻게 움직이며 우리는 어떻게 그 움직임을 확인할 수 있을까?

우리는 달을 직접 관측함으로써 그 움직임을 확인할 수 있다. 그러나 단순히 '바라만 보는 것'만으로는 달이 어떻게 움직이는지 확인하기 쉽지 않다. 이번 단원에서는 스마트폰을 이용한 달 관측 활동을 통해 시간에 따른 달의 움직임에 대한 궁금증을 해결하고자 한다. 그 방법은 바로 특정 시각별로 달의 위치를 관측하고 스마트폰 카메라로 포착하는 것이다. 특정 시각별로 달의 사진을 찍는다면 시각별 달의 위치를 확인할 수 있다. 그리고 이러한 시각별 달의 사진을 일정한 시간 간격을 두고 촬영하여 사진들 속 달의 위치를 서로 비교해본다면 시간의 흐름에 따라 달이 어떻게 움직여 가는지 파악할 수 있다.

이번 탐구 활동은 시간에 따른 달의 위치 변화, 즉 달의 일주운동을 직접 확인하는 활동이다. 학생들은 이 활동에 참여함으로써 달이 어떠한 방향으로 운동을 하는지 학습하게 될 것이다. 시간에 따른 달의 움직임을 이해하는 것은 달을 넘어서 지구에서 관찰되는 다른 천체들의 움직임에 대한 이해로 이어질 수 있다. 천체의 움직임에 대한 이해는 천구의 회전 혹은 지구의 공전, 자전에 대한 개념으로 연결된다.

또한, 이번 활동에서는 달의 움직임에 대한 탐구를 통해 천체가 뜨고 지는 방향을 동서남북 사방위로 표현해 본다. 따라서 학생들은 천체가 어느 방향에서 뜨고, 어느 방향에서 지는지 그 위치를 직접 확인하며 사방위를 경험적으로 이해할 수 있다. 천체 관측 활동을 할 때 천체가 움직이는 방향을 이해하는 것, 자신이 서 있는 곳에서 동서남북 방위가 어느 방향인지 아는 것은 매우 중요하다. 본 활동은 학생들이 자신이 서 있는 곳을 중심으로 천체가 어느 방향에서 뜨고 지는지 이해하고 그 방향을 사방위로 생각할 수 있도록 도움을 줄 것이다.

자, 그럼 이제 탐구를 시작해보자. 본 탐구를 위해 필요한 준비물은 스마트폰, 스마트폰용 삼각대, 컴퓨터이다. 탐구 과정은 다음과 같다.

4.2.1. 달 사진 촬영하기

시간에 따른 달의 위치 변화를 확인하기 위해서 일정한 시간 간격을 두고 달을 촬영한다. 달 사진 촬영을 통해 각 시각별 달의 위치를 포착하는 것이다. 달을 촬영하는 방법은 다음과 같다.

첫 번째, 주변이 훤히 트인 운동장 한 가운데 스마트폰용 삼각대를 설치한다. 삼각대를 설치한 후 스마트폰용 삼각대의 고정기를 이용하여 스마트폰을 삼각대에 고정한다.

주의할 점

천체가 남쪽을 지나 서쪽으로 이동해 갈 것이므로, 남쪽과 서쪽 하늘이 열린 곳에 카메라가 설치되도록 한다.

두 번째, 스마트폰을 삼각대에 고정하였으면 스마트폰에서 카메라 앱을 실행시킨다. 카메라 앱을 실행시킨 후에 카메라에 담기는 스마트폰 화면을 보며 삼각대의 기울기를 조정해 카메라가 하늘을 보게 한다.

주의할 점

(1) 카메라 화면의 하단에 건물이나 산 등의 지형지물이 나오도록 한다. 지형지물 없이 하늘만 찍는다면 달이 어떻게 이동했는지, 얼마나 이동했는지를 파악할 수 없다. 지형지물은 시간이 지남에 따른 달의 이동방향과 이동정도를 파악할 수 있도록 하는 지표가 된다. 우리는 시각별로 달의 사진을 촬영할 것이기 때문에 촬영 후 각 사진을 봤을 때 비교의 기준이 될 수 있도록 동일한 지형지물이 사진에 찍히도록 카메라의 각도를 조정한다.

(2) 시간에 따른 천체의 이동경로를 예상하여 카메라의 각도를 조정하도록 한다. 시간이 지남에 따라 달이 관측되는 위치가 변하므로 처음 카메라의 각도 설정이 지나치게 지면을 향하게 되어 있다면, 시간이 흐른 뒤 촬영을 할 때 천체가 화각에서 벗어날 수도 있다. 촬영을 마친 후에 사진들 속 달의 위치를 비교하기 위해서는 카메라의 각도를 변동시키지 않는 것이 좋다. 그러므로 처음에 설정할 때 시간이 지나 천체가 이동해도 카메라의 각도를 변동시키지 않고 천체와 지형지물 모두 촬영할 수 있는 각도를 설정해야 한다.

이 두 가지를 고려하여 카메라의 각도를 조정하여 적절한 화각을 잡는다.

세 번째, 위의 과정들이 준비가 되면 첫 촬영을 한다. 첫 촬영을 하여 사진에서 달에 초점이 잘 맞았는지 확인한다. 또한 각 사진에서 지형지물이 구분되어 보이게 찍혔는지 확인하며 카메라의 각도를 점검한다. 만약 달이 선명하게 찍히지 않거나 카메라 각도가 적절하지 않다면 카메라를 조정하여 달과 지형지물 모두가 사진에 잘 담기도록 한다.

주의할 점

스마트폰의 사진의 해상도가 낮게 설정되어 있으면 사진 촬영 시 선명한 사진을 얻기 어렵다. 그러므로 가능하면 사진의 해상도를 가장 높게 설정하도록 한다.

네 번째, 카메라의 조정이 끝났다면 적절한 시간 간격으로 3번 이상 촬영한다. 시간 간격을 두고 최소한 3번 촬영을 해야 촬영된 사진을 보며 달이 어떻게 움직이는지 파악할 수 있다. 촬영한 사진의 순서와 시각은 반드시 기록한다. 탐구 활동에 주어진 시간에 따라 촬영 시간의 간격을 좁히거나 늘려도 좋다(예를 들어 10분 혹은 30분 간격). 단, 시간 간격이 좁고 촬영 횟수가 많을수록 달의 움직임을 더욱 명확하게 확인할 수 있다. 본 책에서는 20분 간격으로 3회 촬영하였다.

주의할 점

시간 간격을 두고 촬영을 하는 동안 카메라의 위치나 각도를 변경시키지 않도록 한다. 스마트폰 카메라의 위치 및 각도를 처음 설정과 일정하게 유지해야 달의 움직임을 정확하게 확인할 수 있다.

이제 여러분은 각 시각에 달의 위치를 포착한 사진, 즉 데이터를 수집하였다. 이 데이터를 활용하여 시간에 따른 달의 움직임, 즉 달의 일주운동을 확인해보도록 하자.

사진을 PC로 옮기기

시각별로 촬영한 사진들을 한눈에 보이게 하기 위하여 스마트폰에 있는 사진들을 컴퓨터로 옮겨보자. 사진을 컴퓨터로 옮기기 위한 방법으로 메일로 전송하기, 클라우드 서비스 이용하기, SNS로 전송하기 등 여러 가지가 있다. 그러나 이러한 서비스를 이용하지 않는 경우 위의 방법을 이용하기 어려울 수 있다. 따라서 서비스 이용을 위해 필요한 계정 없이도 스마트폰에서 PC로 사진을 옮기는 방법을 소개하고자 한다.

그 방법은 다음과 같다.

① 'Play 스토어' 혹은 '앱 스토어'에서 'send anywhere'라는 앱을 다운로드하여 설치한다.

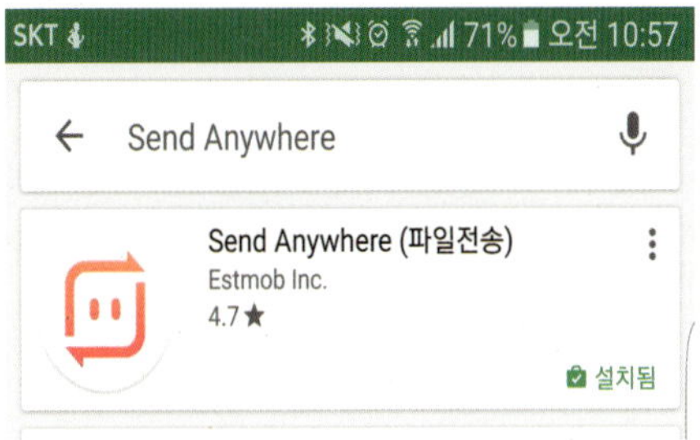

안드로이드 폰의 경우

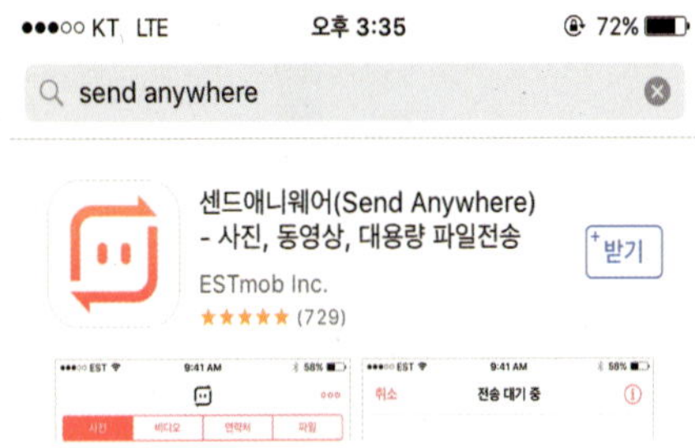

아이폰의 경우

② 앱을 실행한 후 내가 찍은 사진을 모두 선택하고 를 선택하면 여섯 자리의 숫자가 나온다. 이제 사진이 인터넷상의 가상의 공간에 10분 동안만 저장된다.

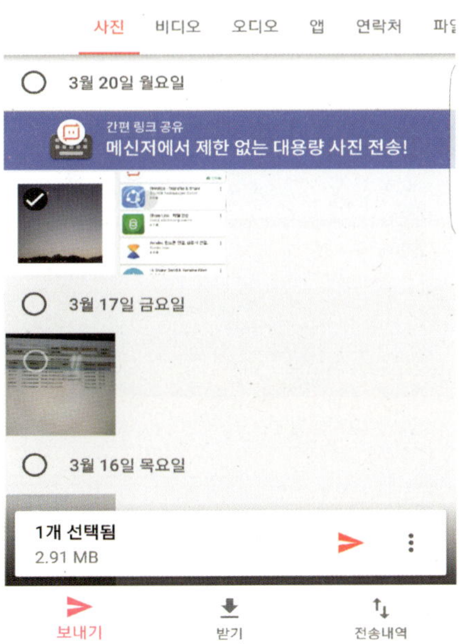

앱에서 사진 선택하기

사진 전송 후 앱 화면

③ PC의 인터넷 주소 창에 'send-anywhere.com'를 입력한다.

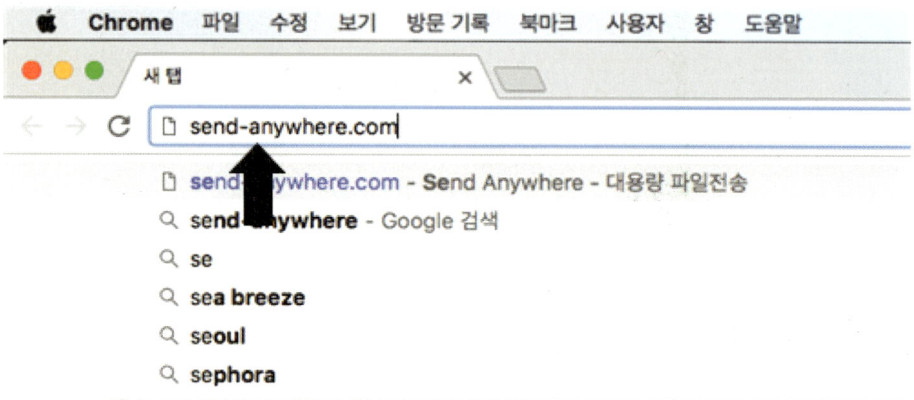

④ '키 입력'란에 스마트폰의 앱 화면에 나타난 여섯 자리 숫자를 입력하면 사진이 다운로드된다.

⑤ 키를 입력하면 화면 하단부에 알림이 뜬다. 알림의 '저장' 옆의 작은 삼각형을 눌러서 '다른 이름으로 저장'을 선택한다.

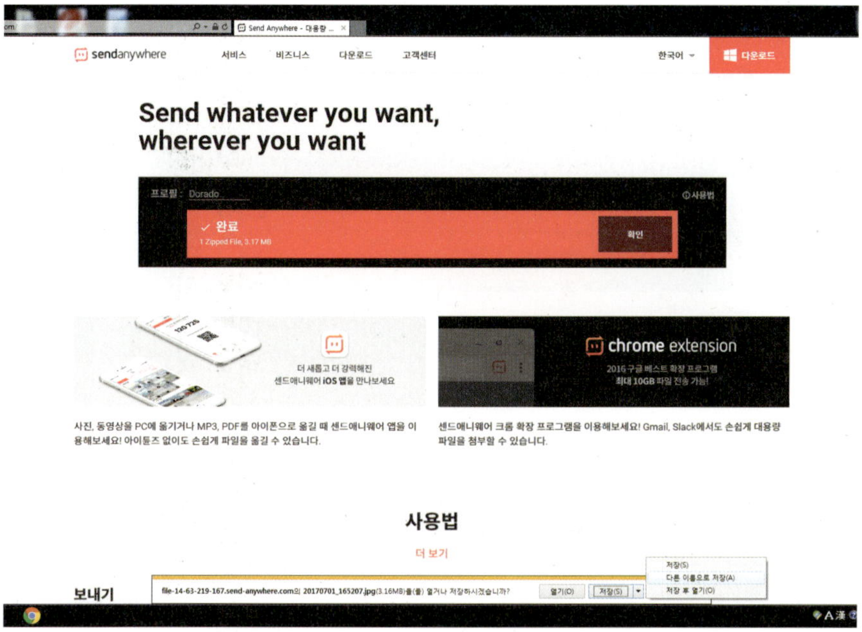

⑥ 저장 위치를 '바탕화면'으로 설정한다.

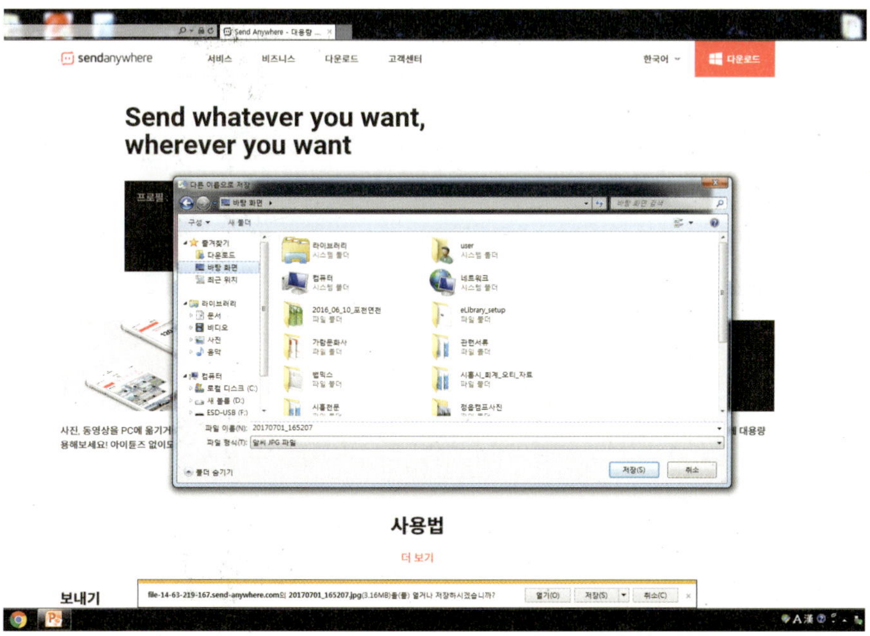

⑦ 적절한 파일명을 입력하고 '저장'을 클릭한다.

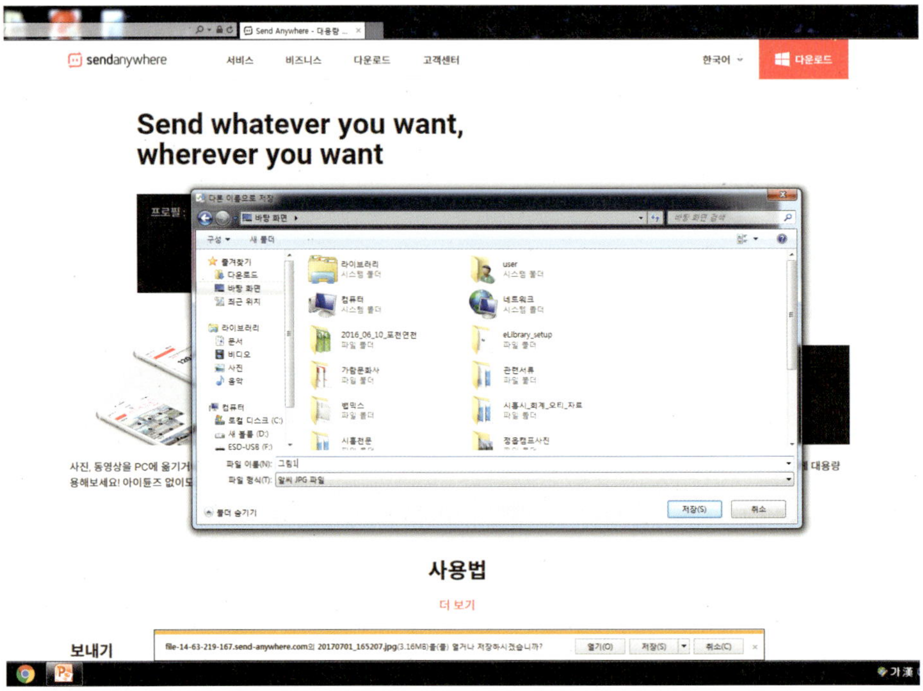

이제 스마트폰에 있는 달 촬영 사진이 PC로 옮겨졌다.

4.2.2. 천체의 위치 변화 확인하기

사진을 컴퓨터로 옮겼다면 '파워포인트'를 이용하여 사진들을 한 화면에 띄워놓은 후 지형지물을 기준으로 달이 시각별로 어떻게 움직였는지 비교하고 관찰하여 보자.

첫 번째, '파워포인트'의 '삽입' 메뉴에서 '그림'을 클릭한다.

두 번째, 그림파일이 저장된 위치를 선택한다. 바탕화면에 저장하였을 경우 바탕화면을 선택한다.

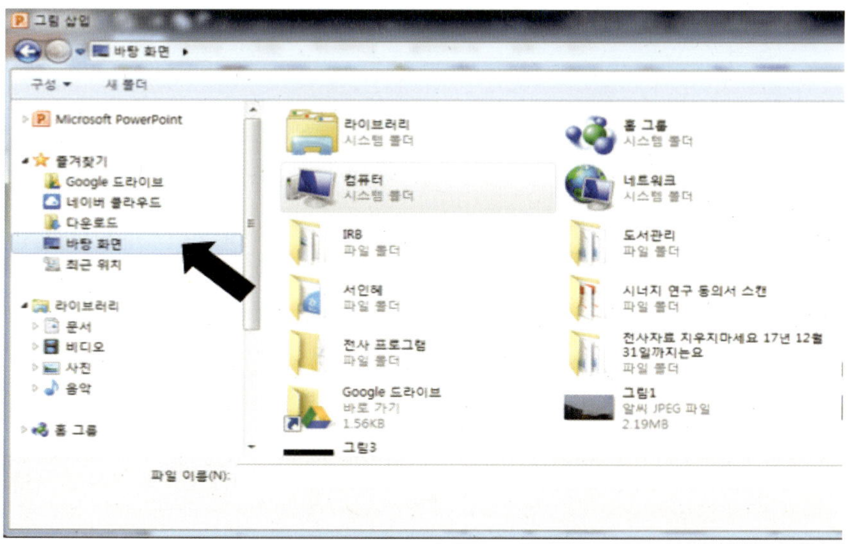

세 번째, 필요한 그림을 선택하고 '삽입'을 눌러 그림을 삽입한다.

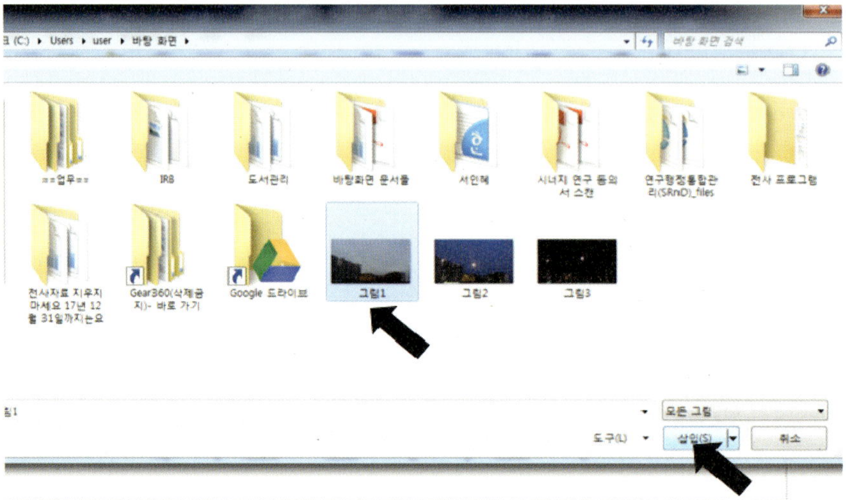

네 번째, 촬영한 3개의 사진을 나란히 배치한다. 지형지물을 기준으로 사진 속 달의 위치를 확인하며 시각별 달의 위치를 비교하여 보자.

4.2.3. 달의 일주운동 설명하기 및 예측하기

여러 사진을 한눈에 들어오게 정렬시킨 후 사진들을 비교해보면 시간이 지남에 따라 달이 어디에서 어디로 움직여갔는지 쉽게 확인할 수 있다. 정렬한 사진들을 보며 시간에 따른 달의 움직임을 설명하여 보자. 달은 시간이 지남에 따라 어느 방향으로 이동하여 갔는가? 자신의 생각을 글과 그림으로 표현해보자.

본 책의 달 촬영사진은 20분 간격으로 3번 촬영한 것으로, 사진들을 살펴보면 달은 처음 시작한 지점에서 오른쪽 위 방향으로 이동해 갔다. 또한 일정한 간격으로 이동했다. 따라서 달이 시간에 따라 일정한 간격으로 한 방향으로 움직였다는 것을 알 수 있다.

그렇다면 하루 동안 달은 어떻게 움직일까? 사진을 비교해보며 구성한 '시간에 따른 달의 움직임'에 대한 자신의 설명을 바탕으로 하루 동안의 달의 움직임을 예상해보자.

우리가 달 사진을 통해 얻은 결과와 마찬가지로 달은 아마 하루 동안 계속해서 오른쪽 방향으로 일정하게 움직여 갈 것이다. 그렇게 같은 방향으로 움직여 가다가 지게 될 것이다. 그렇다면 달이 시간에 따라 움직이는 방향을 사방위로 표현해보자. 동서남북 중 어느 방향에서 어느 방향으로 움직이는가?

하늘 위에 떠있는 모든 천체가 달과 같은 방향으로 움직이므로 달이 움직이는 방향을 알기 위해서는 우리가 흔하게 접하는 다른 천체와 비교해 볼 수 있다. 가장 대표적인 천체로 태양을 예로 들어보자. 여러분은 태양이 동쪽에서 떠서 남쪽을 지나 서쪽으로 진다는 것을 알고 있을 것이다. 즉, 태양은 시간이 지남에 따라 동에서 서로 이동한다. 달도 태양과 같은 방향으로 움직이므로 시간에 따라 달은 동쪽에서 남쪽을 지나 서쪽으로 이동한다. 이러한 달의 이동 방향을 바탕으로 생각하면 관측하기 시작했을 때의 달의 위치, 시간이 흐른 후 관측했을 때의 달의 위치를 파악함으로써 우리가 서있는 곳을 기준으로 동, 서, 남, 북이 어느 방향인지까지 파악할 수 있다.

우리는 이번 활동을 통해서 시간에 따른 달의 움직임을 알아보았다. 지금까지 우리는 달이 어떻게 움직이는지 확인하기 위해서 달을 맨눈으로만 관측하였다. 깜깜한 밤하늘에서 밝게 빛나고 있는 달. 달은 어떻게 생겼을까? 다음 장에서는 달이 어떻게 생겼는지 그 표면을 자세히 살펴보도록 하자.

4.3. 달의 지형

밝게 빛나는 달의 표면은 어떻게 생겼을까? 여러분은 어렸을 때 달에 토끼가 살고 있다는 이야기를 들어본 적이 있을 것이다. 보름달이 뜨면 달에 살고 있는 토끼가 절구를 찧고 있는 것을 볼 수 있다는 이야기는 추석 때 어른들께서 항상 들려주시던 이야기이다. 이런 이야기가 생겨난 이유는 정말로 달에 토끼가 살고 있기 때문은 아닐 것이다. 우리가 맨눈으로 바라보았을 때 달의 표면에 있는 무늬가 토끼가 절구질을 하고 있는 모양처럼 보였기 때문이다. 그럼 우리 눈에 토끼로 보이던 이 무늬는 실제로는 어떤 모양일까? 달은 왜 이러한 모양을 띠고 있는 것일까? 달의 표면이 어떻게 생겼는지는 망원경을 이용하여 자세히 관측해보면 확인할 수 있다. 실제로 1609년 갈릴레이가 망원경으로 달을 관측하면서 달 표면의 무늬들의 정체를 밝혀냈다. 그 이후에도 여러 과학자들이 달을 관측하며 달의 표면, 즉 달의 지형에 대한 많은 탐구를 진행하였다.

우리도 갈릴레이와 다른 과학자들처럼 망원경을 이용하여 달을 관측하고 달의 표면이 어떻게 생겼는지 탐구해보자. 이번 장에서는 망원경으로 달의 표면을 직접 관측하고, 자신이 관측한 달을 스마트폰 카메라로 촬영한 후, 사진을 자세히 살펴보며 달의 표면이 어떻게 생겼으며 어떠한 지형이 있는지에 대해 탐구해 볼 것이다. 탐구를 위하여 필요한 준비물은 천체 망원경, 스마트폰, 컴퓨터, 포토프린터이다.

4.3.1. 관측 날짜 선정하기

달 관측 활동을 할 때 가장 먼저 생각해야 할 것은 관측할 시기를 선정하는 것이다. 관측 날짜는 달의 위상, 관측하려는 날의 기상상태 등을 고려해서 정한다.

먼저, 달의 위상이 보름에 가까울 때를 확인하여 관측 날짜를 선정한다. 달의 표면을 관찰하기 위해서는 달의 모든 면을 볼 수 있는 보름일 때 관측을 하는 것이 가장 좋다. 그러나 보름일 때 관측 활동을 할 수 없다면 반달~보름 사이에 관찰하는 것도 좋다. 위상과 함께 고려해야 할 요소는 월출, 월몰 시간이다. 관측을 진행하려는 시간대에 적절한 위상의 달이 뜨는지 확인하여 관측 날짜를 정해야 한다.

두 번째로 기상상태를 미리 확인하여 선정한 날이 관측 가능한 날씨인지를 판단한다. 비가 오면 관측을 할 수 없으므로 일기예보를 확인하며 비가 오지 않는 날에 관측을 하도록 한다. 운량 또한 고려해야 한다. 구름이 많은 날에는 밝은 보름달이어도 관찰할 수 없고, 구름이 적은 날에는 달을 볼 수 있더라도 달의 표면을 선명하게 관찰하기에는 어려울 수 있다. 그러므로 관측 날짜는 달을 선명하게 관측할 수 있도록 가능한 한 구름이 없는 날로 선정해야 한다. 달의 위상이 보름달에 가깝다면 기상예보에 '구름 조금'이라고 예보되는 날이라도 관측이 가능한 경우도 있다.

달의 정보 확인하기

달의 위상과 월출, 월몰 시간에 대한 정보는 한국천문연구원 홈페이지(www.kasi.re.kr)에서 확인할 수 있다.

【인터넷에 '한국천문연구원' 검색】 ➜ 【'천문우주지식정보 사이트 바로가기' 클릭】 ➜ 【'생활천문관 바로가기' 클릭】 ➜ 【'월별천문 현상' 클릭】

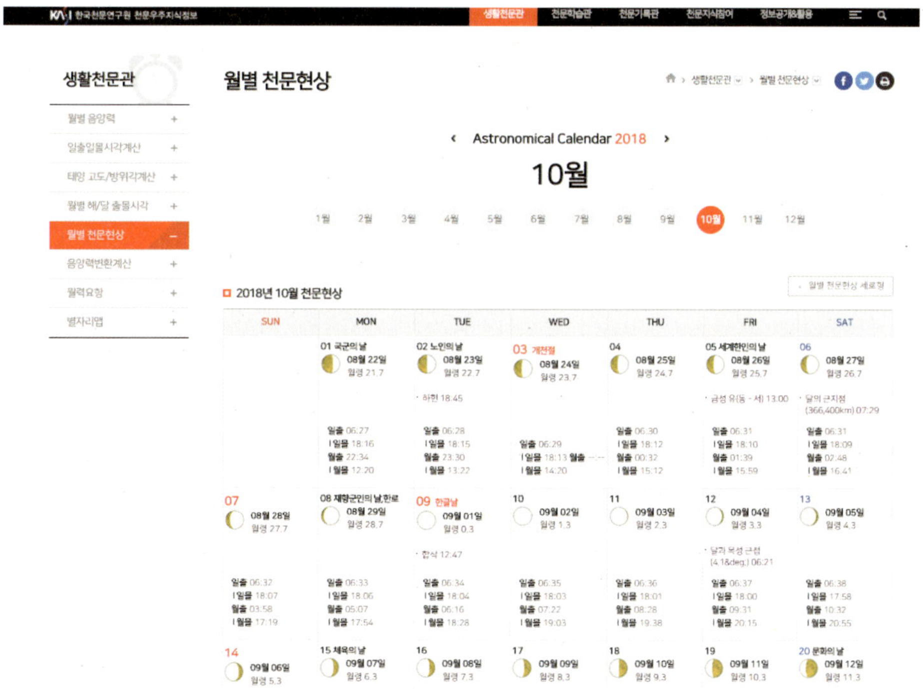

한국천문연구원 홈페이지에서 제공하는 달의 정보

4.3.2. 달 관측하기

관측할 날짜를 선정하였다면 선정한 날에 달 관측 활동을 진행한다. 먼저 천체 망원경을 설치한다. 망원경을 설치하는 방법은 앞 단원(chapter 2.5)에 자세하게 설명되어 있으므로 이를 참고하도록 한다. 망원경 설치가 완료되면 망원경을 조작하여 달을 관측한다. 달의 지형이 어떻게 생겼는지 망원경을 통해 눈으로 직접 관찰한다. 관찰하며 특이점을 찾아 관찰노트를 작성하는 것도 좋다.

눈으로 충분히 관찰하였다면 달을 가장 선명하게 관찰할 수 있도록 초점을 다시 한번 맞춘 후 스마트폰 카메라를 이용하여 달을 촬영한다. 스마트폰으로 달을 촬영하는 방법도 앞 단원(chapter 3.9)에 자세하게 설명되어 있다. 이를 참고하여 촬영하여 보자.

4.3.3. 달 사진 보정하기 및 출력하기

달 관측과 망원경을 통한 달 사진 촬영을 마쳤다면 실내로 들어와 자신이 촬영한 달 사진을 확인해보자. 직접 눈으로 관찰한 것만큼 선명하게 촬영되었는가? 사진에서 달의 지형이 잘 보이는지 사진의 상태를 살펴보며 수정하고 싶은 부분이 있는지 확인해보자.

사진에서 달의 지형을 조금 더 선명하게 하고 싶다거나, 달이 너무 어둡게 찍혀 조금 더 밝게 만들고 싶다거나, 혹은 너무 밝게 나와서 조금 더 어둡게 할 필요가 있을 수 있다. 수정할 필요가 있다고 생각되는 부분을 다음 과정에 따라 수정해보자.

주의할 점

날씨 영향으로 학생들이 찍은 사진의 상태가 좋지 않은 경우 인터넷에 있는 달 사진을 활용하는 것도 하나의 대안이 될 수 있다. 그러나 본인이 찍은 사진을 통해 탐구할 때 느끼는 만족도가 크므로 되도록 자신이 찍은 사진을 활용한다.

수정을 하기 위해서 다양한 프로그램을 이용할 수 있지만, 여기서는 컴퓨터의 '알씨 꾸미기' 프로그램을 이용할 것이다.

첫 번째, 'send anywhere' 앱을 이용해 촬영한 사진을 컴퓨터로 옮긴다(자세한 방법은 '달의 일주운동' 단원을 참고).

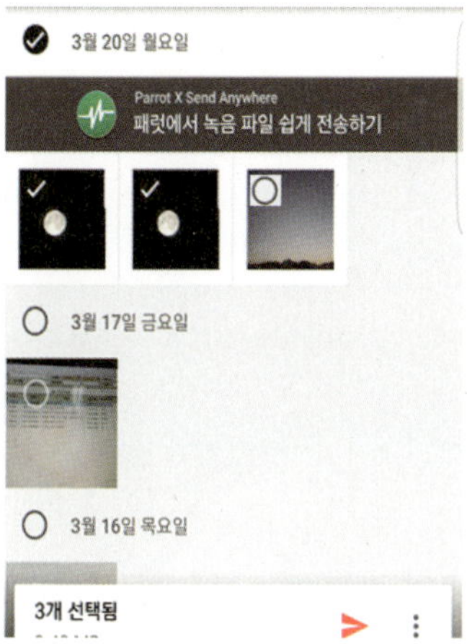

'send anywhere' 앱에서 사진 선택

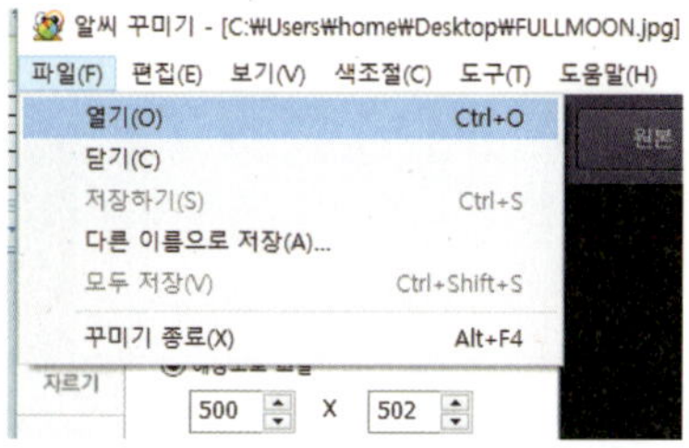

'알씨 꾸미기'에 내가 찍은 사진 불러오기

두 번째, 컴퓨터에서 '알씨 꾸미기'를 실행시킨 후 스마트폰에서 컴퓨터로 옮겨 저장한 사진을 불러온다.

세 번째, 프로그램의 왼쪽 탭에서 '자르기'를 클릭하여 달을 기준으로 상하좌우 여유를 남기고 사진을 자른다. 사진을 자를 때 달의 크기에 딱 맞게 자를 경우 사진 출력 시 달의 일부분이 인쇄되지 않는 경우가 발생한다. 따라서 달의 상하좌우 여백을 넉넉히 주고 사진을 자른다.

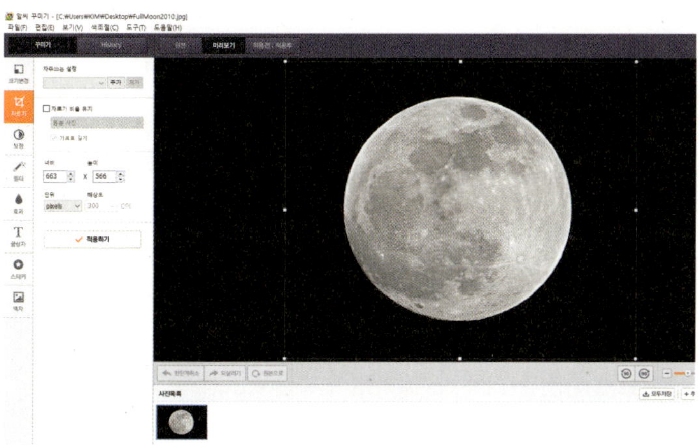
달 사진 자르기

네 번째, 프로그램의 왼쪽 탭에서 '보정'을 클릭하여 밝기, 대비, 채도, 선명도, 수평 조절 기능을 활용해 사진을 편집한다. 후속 활동을 위해 달의 크레이터나 바다 등이 명확히 드러나는 것이 중요하다. 이를 위해 전체적으로 대비, 선명도를 높이도록 한다. 대비를 높이면 밝은 면은 더 밝아지고 어두운 면은 더 어두워지는데 이때 전체적인 톤을 고려하여 밝기를 움직여준다. 한편 선명도를 너무 높이면 사진의 노이즈가 심해지므로 과하지 않는 수준에서 조정하도록 한다.

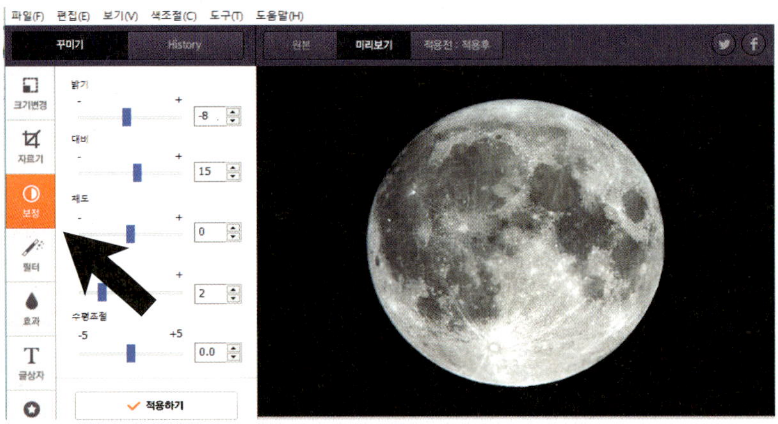

달 사진 보정하기

다섯 번째, 사진 보정 작업이 끝나면 상단 메뉴의 '파일'에서 '다른 이름으로 저장'을 눌러 바탕화면에 파일을 저장한다.

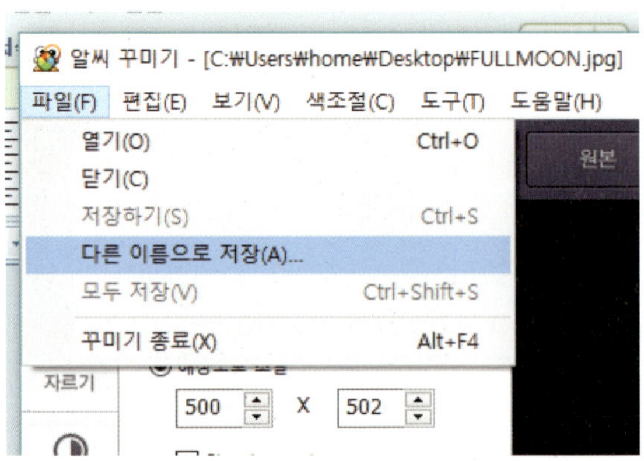

보정한 사진 저장하기

여섯 번째, 보정된 사진을 포토프린터로 출력하고 사진이 원하는 대로 잘 출력되었는지 확인한다.

일곱 번째, 친구들과 함께 찍은 달 사진을 보며 잘된 점을 이야기해보자.

포토프린터로 사진 출력하기

여기서 설명하는 방법은 컴퓨터와 프린터가 와이파이나 블루투스로 연결된 경우를 가정한 것이다. 따라서 상황이 여의치 않을 경우 컴퓨터에서 USB로 파일을 옮겨 프린터에 직접 USB를 끼워서 출력하면 된다.

① 포토프린터를 켠 후, 컴퓨터의 '알씨' 프로그램을 실행하여 방금 편집한 사진을 불러온다.

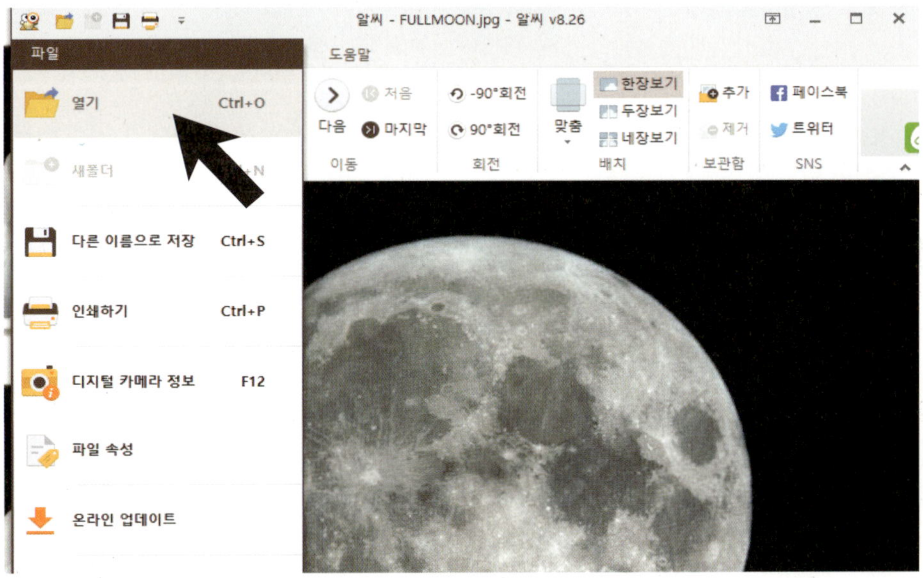

② 상단 메뉴에서 '파일'-'인쇄하기'를 클릭한다.

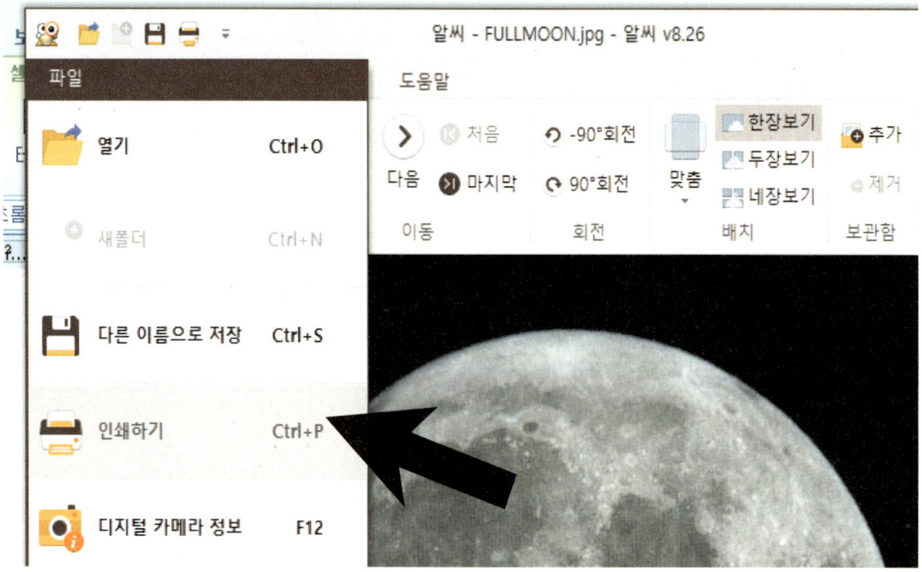

③ 인쇄 창이 나오면 용지 설정에서 '가로'를 선택하고 '인쇄'를 클릭하면 인쇄가 시작된다.

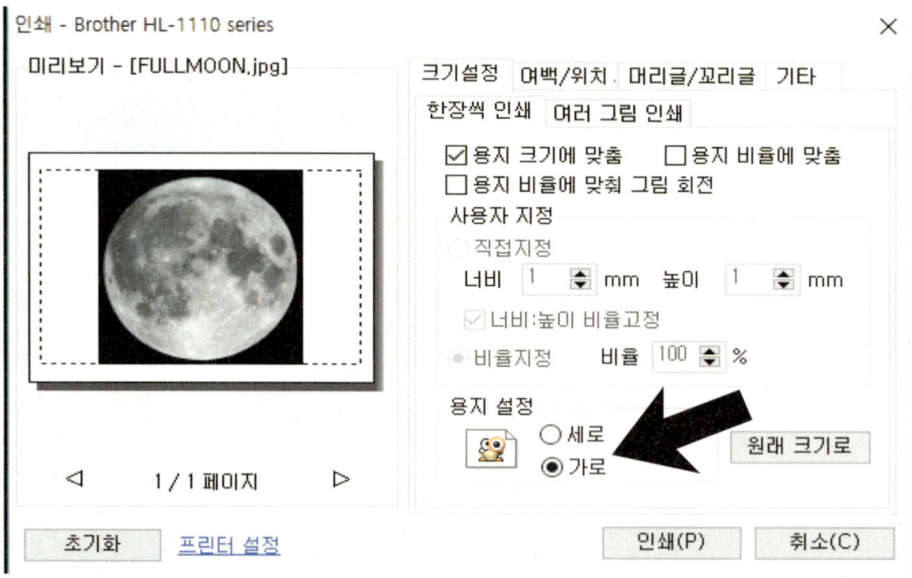

4.3.4. 달 표면 관찰하기

자신이 촬영하고 보정하여 출력한 달 사진을 보며 달의 표면을 관찰해보자. 그리고 달의 표면이 어떻게 생겼는지 친구들과 함께 이야기를 나눠보자. 표면의 색깔은 어떠한지, 표면의 모양이 울퉁불퉁한지, 편평한지, 동그란지, 달의 표면을 관찰하며 떠오르는 생각을 자유롭게 이야기해보자.

달의 표면을 살펴보면 하얀색에 가깝게 밝은 부분도 있고, 짙은 회색으로 아주 어둡게 보이는 부분도 있다. 위로 튀어나와 보이는 부분도 있으며 아래로 푹 꺼진 것 같은 표면도 보인다. 어떤 부분에는 구덩이가 파여 있는 듯한 지형이 관찰되며, 구덩이는 원형으로 생긴 구덩이가 주로 관찰된다.

달의 표면에 나타난 지형에 대하여 이야기를 나눠봤다면 자신이 관찰한 달의 지형에 나만의 이름을 자유롭게 지어보자. 그리고 그렇게 이름 지은 이유를 표현해보자. 달의 지형에 이름을 붙일 때는 사진 위에 자신이 이름 짓고 싶은 지형의 모양에 펜으로 표시하고, 어떤 지형에 어떤 이름을 지었는지 표현하는 것도 좋다. 사진에 공간이 없다면 사진에는 지형 모양과 번호만을 붙이고 학습지에 그 번호를 적어 표현하도록 하자.

예

번호	이름	이름 지은 이유

이제 나만의 달 지형 이름을 다른 사람에게 소개해보자. 그리고 다른 사람들은 어떤 지형을 보고 무슨 이름을 지었는지, 그렇게 이름 지은 이유는 무엇인지 서로 이야기를 나눠보자.

다른 사람들과 이야기를 나눠보면 같은 달을 보고도 내가 발견한 것과 다른 지형을 발견하고 이름 짓는 경우도 있고, 나와 같은 모양의 지형을 보고도 나와 다른 독특하고 다양한 이름을 짓는 경우도 있다는 것을 확인했을 것이다. 또한 같은 지형을 보고 서로 비슷한 이름을 지은 경우도 있었을 것이다.

그렇다면 과학자들은 달의 지형을 관찰하고 어떻게 이름을 지었을까? 과학자들도 우리들과 마찬가지로 달 표면을 관찰하며 색깔과 모양으로 지형을 구분하고 비슷해 보이는 것끼리 분류하여 범주화하였으며 지형 각각에 독특한 이름을 지었다. [그림 4-3-1]은 과학자들이 이름 붙인 것을 나타낸 달 표면 사진이다. 달의 표면에는 다른 면보다 어둡고 평탄해 보이는 지형이 있다. 이러한 지형을 바다처럼 보인다고 생각하여 달의 바다라고 이름 지었다. 달의 바다라고 불리는 지형은 '비의 바다', '맑음의 바다', '고요의 바다' 등등 그 모양에 따라서 다양한 이름이 지어졌다. 한편 달에는 달의 바다보다 밝은 색을 띠는 지형이 있는데 이러한 지형은 달의 고지라고 불린다. 또한 달 표면의 크고 작은 구멍들은 크레이터(운석 구덩이)라고 이름 붙여졌다.

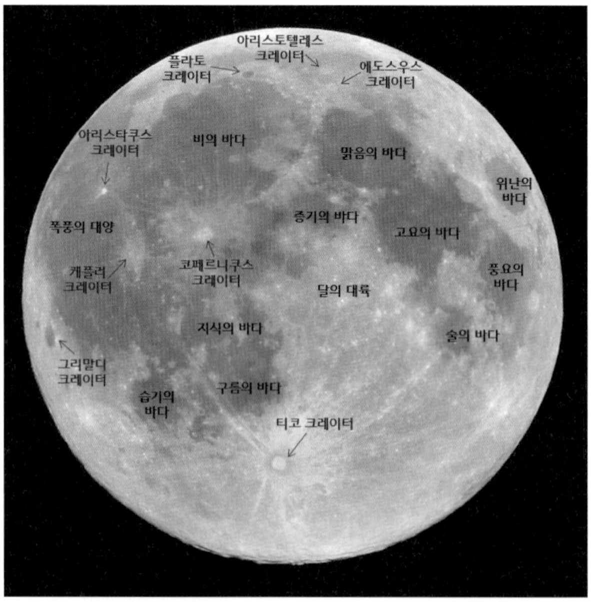

그림 4-3-1 달의 표면과 주요 지형

이번 활동에서 우리는 달의 표면에 대하여 자세히 관찰하고 달의 지형이 어떻게 생겼는지 탐구해 보았다. 우리가 지구에서 관측할 때 달은 한눈에 들어올 정도의 크기로 보인다. 그 위에 있는 지형은 더 작게 보인다. 우리가 탐구했던 지형들이 실제로는 어느 정도의 크기일까? 이제 다음 장에서는 달의 지형들의 크기를 확인해 볼 것이다. 다음 장에 제시된 활동을 따라 우리가 관측하여 얻을 수 있는 정보들을 이용하여 달의 바다, 고지 혹은 크레이터의 크기를 구해보고 그 크기가 얼마나 큰지 탐구해보자.

4.4. 달 크레이터 크기 구하기

우리는 지금까지 맨눈으로 달을 관찰해보았으며, 망원경을 통해서 달의 표면을 한 층 더 자세히 관측해보았다. 이번에는 우리가 관측한 달은 실제로 얼마나 클지 그 크기를 한번 생각해보자. 그리고 달의 바다, 고지, 크레이터 등 다양한 달의 지형들의 실제 크기를 예상해보자. 잘 생각해보아도 그 크기를 가늠하기란 쉽지 않을 것이다. 만약 달에 직접 가본다면 어떠한 방법으로든 달의 크기와 달 지형의 크기를 측정할 수 있을 것이다. 그러나 달에 직접 가는 것은 우리가 당장 할 수 있는 일이 아니므로 크기를 확인할 수 있는 다른 방법을 생각해보자. 물론 직접 달에 가보지 않고 관측만으로도 그 크기를 측정할 방법은 있다. 단, 몇 가지 정보와 간단한 준비물이 있다면.

그 방법은 바로 비례의 개념을 이용하는 것이다. 우리는 이번 단원에서 관측을 통해 얻은 정보와 비례의 개념을 이용하여 달의 지형 중 크레이터의 실제 크기를 구할 것이다. 크레이터의 실제 크기를 구한 후 그 크기가 얼마나 큰지 우리가 쉽게 접하는 지형 및 사물과 비교해보는 활동을 할 것이다. 본 활동을 통해서 달과 달의 지형의 크기에 대해 이해할 수 있을 것이다. 활동을 위해 필요한 준비물은 길이를 측정할 수 있는 자, 자신이 직접 촬영한 달 사진이다.

4.4.1. 연습하기

본격적으로 크레이터의 크기 구하기 활동에 들어가기에 앞서 어떤 물체의 실제 크기를 구하기 위하여 비례의 개념을 활용하는 방법을 연습해보자. 다음의 가족사진을 보고 꼬마 남자아이의 키가 몇 cm인지 구해보도록 하자.

가장 먼저 사진 속 남자아이의 키는 몇 cm인지 자로 재어보자. 그 후 사진 속 아빠의 키는 몇 cm일지 재어보자. 사진 속 남자아이의 키는 3cm, 아빠의 키는 6cm으로 측정되었다고 하자.

측정한 값을 통해 아빠의 키는 남자아이의

키의 2배라는 것을 알 수 있다.

그렇다면 이 정보를 이용하여 실제 키를 구해보자. 만약에 아빠의 실제 키가 180cm 라면 남자아이의 실제 키는 몇일까? 사진에서 얻은 정보를 이용하면 아빠의 키는 남자아이의 키의 2배이다. 그러므로 남자아이의 키는 아빠의 키의 $\frac{1}{2}$배이다. 따라서 남자아이의 실제 키는 $180 \times \frac{1}{2} = 90$으로 90cm라는 것을 알 수 있다.

4.4.2. 실제 크레이터의 크기 구하기

앞에서 설명한 것과 같은 방법으로 달 사진을 이용한 크레이터의 실제 크기를 구할 수 있다. 필요한 준비물은 지난 활동에서 직접 촬영한 달 사진과 자이다. 필요한 정보는 실제 달의 지름 값이다.

주의할 점

본 활동에서는 크레이터를 포함한 달의 지형의 실제 크기를 구할 때 지름을 기준으로 측정한다.

첫 번째, 사진 속 달의 지름을 자로 재어보자. 몇 cm로 측정되는가?

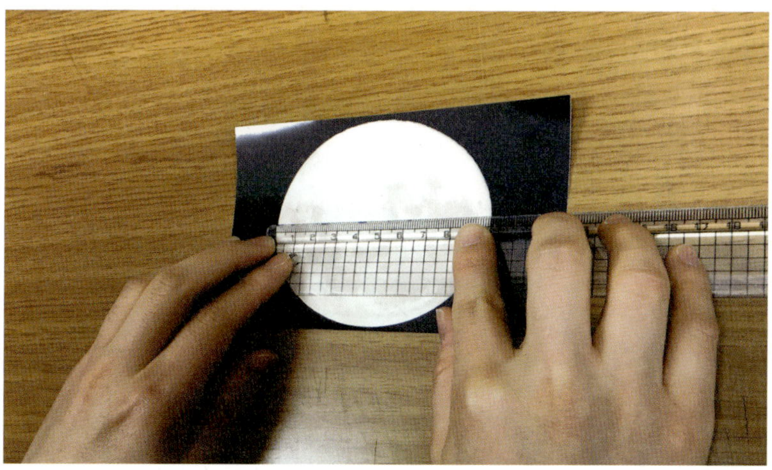

각자의 사진에 따라 각자 측정한 값이 다양할 것이다. 여기에서는 사진 속 달의 지름을 10cm라고 가정하고 탐구를 진행해보자.

두 번째, 사진을 보며 자신이 크기를 측정하고 싶은 크레이터를 선택해보자. 크레이터를 선택하였으면 선택한 크레이터의 지름을 자로 재보도록 하자.

사진에서 다양한 크기의 크레이터들이 보일 것이다. 그중에 자신이 선택한 크레이터의 지름은 몇 cm인가? 여기에서는 측정된 크레이터의 지름이 0.2cm라고 하자.

세 번째, 이제 실제 달의 지름과 사진 속 달의 지름의 값을 비교해보자. 실제 달의 지름은 사진 속 달의 지름의 몇 배인가?

실제 달의 지름은 약 3,480km이다. 즉, 348,000,000cm이다. 사진 속 달의 지름이 10cm로 측정되었다고 했을 때, 실제 달의 지름이 사진 속 달의 지름보다 얼마나 큰지는 348,000,000cm÷10cm로 구할 수 있다. 이 값은 34,800,000이므로 실제 달의 지름은 사진 속 달의 지름의 34,800,000배이다.

주의할 점

우리가 측정한 지름의 단위는 cm이므로 km를 cm로 단위변환을 해야 한다.
1km = 1,000m = 100,000cm
초등학생의 경우 단위 변환을 어려워할 수 있으므로 cm에서 m, m에서 km 순으로 단계적으로 단위변환을 하도록 한다.

네 번째, 지금까지 알게 된 정보를 이용하여 선택한 크레이터의 실제 크기를 구해보자. 지금까지 얻은 정보는 다음과 같다.

✓ 사진 속 달의 크기는 10cm이다.
✓ 사진 속 크레이터의 크기는 0.2cm이다.
✓ 달의 실제 크기는 약 3,480km=약 348,000,000cm다.
✓ 달의 실제 크기는 사진 속 달의 크기의 34,800,000배이다.

이제 이 정보들을 이용하여 크레이터의 실제 크기를 구해보자.

달의 실제 크기가 사진 속 달의 크기의 34,800,000배이므로 크레이터의 실제 크기도 사진 속 크레이터의 크기의 34,800,000배이다.

따라서 크레이터의 실제 크기=사진 속 크레이터의 크기×34,800,000이다.

그러므로 크레이터의 실제 크기는 0.2cm×34,800,000=6,960,000cm이다.

이를 통해 저자가 선택한 크레이터의 실제 크기는 6,960,000cm, 즉 69.6km임을 알 수 있다.

비례식을 세워 실제 크레이터의 크기 구하기

지금까지는 비례의 개념을 이용하여 쉽게 크레이터의 실제 크기를 구해보았다. 초등학교 저학년의 경우에는 비례식을 세우는 것에 익숙하지 않으므로 앞에 설명된 방법으로 차근차근 이해할 수 있을 것이다. 그러나 비례식을 이용하면 위의 방법보다 간단하게 크레이터의 실제 크기를 구할 수 있다. 초등학교 고학년 이상은 비례식을 풀 수 있으므로 비례식을 세워 크레이터의 실제 크기를 구해보도록 하자. 비례식을 이용하여 크레이터의 크기를 구하는 방법은 다음과 같다.

사진 속 달의 크기 : 사진 속 크레이터의 크기 = 달의 실제 크기 : 크레이터의 실제 크기

따라서

$10cm : 0.2cm = 348{,}000{,}000 : \square$

$10 \times \square = 0.2 \times 348{,}000{,}000$

$\square = 0.2 \times 348{,}000{,}000 \div 10$

$\square = 0.2 \times 34{,}800{,}000$

$\square = 6{,}960{,}000cm = 69.6km$ 이다.

이를 통해 크레이터의 실제 크기는 6,960,000cm=69.6km임을 알 수 있다.

4.4.3. 크레이터의 실제 크기를 주변의 물체 및 지형과 비교해보기

우리는 지금까지 직접 관측하여 촬영한 달 사진으로 비례의 개념을 이용하여 크레이터의 실제 크기를 구해보았다. 본 책에서 구한 크레이터의 크기는 69.6km이다. 그러면 69.6km는 도대체 얼마나 큰 것일까? 크레이터의 크기를 단순히 숫자로 받아들이기보다는 그 크기가 얼마나 큰 것인지 가늠해보자. 이를 위해서 자신이 직접 구한 크레이터의 크기를 일상에서 접하는 주변 건물이나 자신이 살고 있는 지역의 크기와 비교해보며 그 크기에 대해 생각해 보자.

주의할 점

이때 우리는 길이 단위를 이용하여 크레이터의 지름을 측정하였기 때문에 주변 건물 및 지형도 길이로 비교하여야 한다.

우리 학교의 운동장의 지름은 약 몇 km인가? 자신이 구한 크레이터는 우리 학교 운동장의 몇 배인가? 내가 살고 있는 지역보다는 몇 배 큰가?

서울 월드컵경기장을 예로 들어보자. 월드컵경기장에 있는 골대에서 골대까지의 길이는 약 100m로 0.1km이다. 책에서 구한 크레이터의 길이는 69.6km이므로 약 70km이다. 70km는 0.1km의 700배이므로(70km÷0.1km=700배) 책에서 구한 크레이터는 서울월드컵경기장 운동장보다 약 700배 큰 것이다. 즉 책에서 구한 크레이터는 월드컵경기장의 축구장 700개가 들어갈 수 있을 정도의 크기라는 것이다.

이번에는 한반도를 예로 들어보자. 한반도의 길이는 약 1,000km이다. 저자가 구한 크레이터는 약 70km이다. 70km는 1,000km의 0.07배이므로 (70km÷1,000km=0.07배), 저자가 구한 크레이터의 지름은 한반도의 길이보다 0.07배 크다.

즉, 저자가 구한 크레이터는 한반도의 $\frac{7}{100}$의 크기인 것이다.

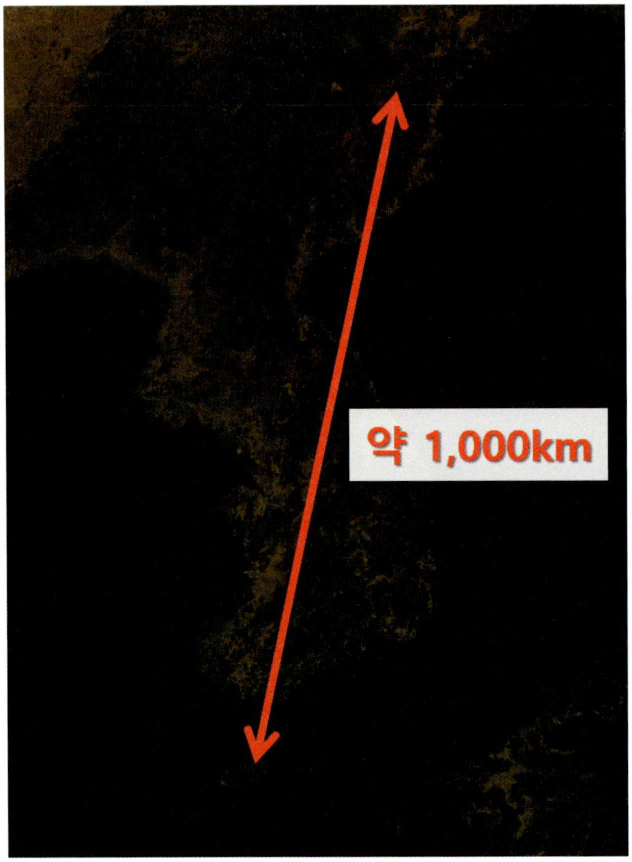

우리는 이번 활동을 통해서 달의 표면에 있는 크레이터의 크기를 비례식을 이용하여 길이로 구해보았다. 그리고 그 크기가 얼마나 큰 것인지 주변의 물체, 건물, 지형의 크기와 비교하여 확인해보았다. 이제 그 지형의 크기가 얼마나 큰지 느껴지는가?

4.5. 목성 위성의 공전주기 구하기

관측기술이 발달하지 않았을 때에는 맨눈으로 천체를 관측할 수밖에 없었으며, 지구가 우주의 중심이 되었다. 모든 천체들은 지구를 중심으로 하여 원 운동을 하고 있다고 생각했다. 하지만 갈릴레오가 망원경을 발명한 후, 그동안 볼 수 없었던 것들이 보이기 시작했다. 모든 천체들은 지구를 중심으로 회전하고 있어야 하는데, 그렇지 않은 천체를 볼 수 있게 된 것이다. 바로 목성의 위성들인 이오, 유로파(에우로파), 가니메데, 칼리스토이다. 이 네 개의 위성은 '갈릴레오 위성'으로 불린다. 목성은 수많은 위성들을 거느리고 있지만, 갈릴레오 위성은 다른 위성들에 비해 쉽게 발견할 수 있다. 목성은 맨눈으로도 쉽게 발견이 되는 천체이기 때문에, 망원경을 통해서 목성을 찾는다면 쉽게 갈릴레오 위성을 발견할 수 있다. 그렇기 때문에 갈릴레오 위성은 천체 관측의 경험이 적은 사람도 쉽게 데이터를 수집할 수 있는 대상이라고 할 수 있다. 일정 기간 동안 주기적으로 꾸준하게 사진을 찍는다면, 각각의 위성들의 공전주기를 구할 수 있게 된다.

4.5.1. 목성 관측 기간의 설정

목성은 지구와 마찬가지로 태양을 공전하고 있는 태양계의 행성이다. 태양계의 행성들은 거의 비슷한 공전궤도면을 갖고 있기 때문에, 지구와 목성이 서로 태양 반대편에 위치하게 되면 우리는 목성을 쉽게 관측할 수 없게 된다. 그런 시기를 피하여 목성을 촬영하는 기간을 설정해야만 할 것이다. 2018년 우리나라에서 관측하는 경우, 목성이 충의 위치에 놓이는 때(태양-지구-목성이 일직선의 위치관계가 형성되는 날)는 5월 16일이다. 외행성이 충에 위치할 경우, 지구의 관측자는 이 외행성을 0시에 정남쪽 방향에서 관측할 수 있으며, 이 날은 이 행성을 관측할 수 있는 시간이 가장 길다. 그렇기 때문에, 밤새 관측하기는 어렵겠지만, 이 시기를 전후로 하여 관측 기간을 적당히 설정한다면, 목성을 촬영하는 데에 무리가 없을 것이다.

천체 사진의 촬영 방법에 대한 내용은 앞선 단원에서 다루었다. 목성의 사진을 촬영할 때, 노출시간과 ISO값을 어떻게 조절하느냐에 따라서 목성의 줄무늬가 잘 보일 수도 있고, 목성의 위성이 잘 보일 수도 있다. 목성 위성의 공전주기를 구하기 위해서는 목성의 위성이 잘 보이도록 설정하여 촬영해야 할 것이다.

4.5.2. 목성 관측 자료의 처리

목성의 사진을 촬영하면, 사진상의 목성과 목성의 위성 사이의 거리를 측정하기에는 목성의 상이 너무 작을 것이다. 그렇기 때문에, 포토샵 프로그램을 이용하여 필요한 만큼 적당한 크기로 사진을 편집하는 과정이 필요하다. 이 과정에서 위성들이 놓인 방향을 좌우방향으로 정렬하는 과정도 필요하다. 자세한 과정은 아래에 서술되어 있다.

※ 본 예시는 2017년 5월 10일부터 2017년 6월 1일까지 하루당 8장 내외의 사진을 30분~1시간 정도의 시간간격을 두고 촬영을 하였으며, 관측이 불가능했던 날을 제외하여 총 140장의 사진을 촬영하였다. 만약 더 오랜 기간 동안 더 짧은 간격으로 촬영한다면, 더 많은 사진이 촬영될 것이다. 이 방대한 양의 사진을 한 사람이 편집하게 되면 너무 오랜 시간이 걸릴 수 있으므로, 되도록 사진의 편집은 여러 사람이 분배하여 모두가 동일한 방법으로 함께 진행하는 것이 좋을 것이다.

1 포토샵 프로그램을 실행시킨 후, 포토샵의 파일 탭의 새로 만들기를 클릭하여, 목성과 목성의 위성들이 충분히 화면에 담길 크기의 새 레이어를 만든다. 이때, 해상도는 300으로 설정하고 목성과 목성 위성들의 색은 중요하지 않기 때문에 색상모드를 회색음영으로 설정하였다. 배경 내용은 투명으로 설정해야 한다. 레이어의 크기는 카메라를 어떤 기종을 사용하였는지에 따라 달라지지만, 예시에서는 폭 1100픽셀, 높이 300픽셀로 설정하였다.

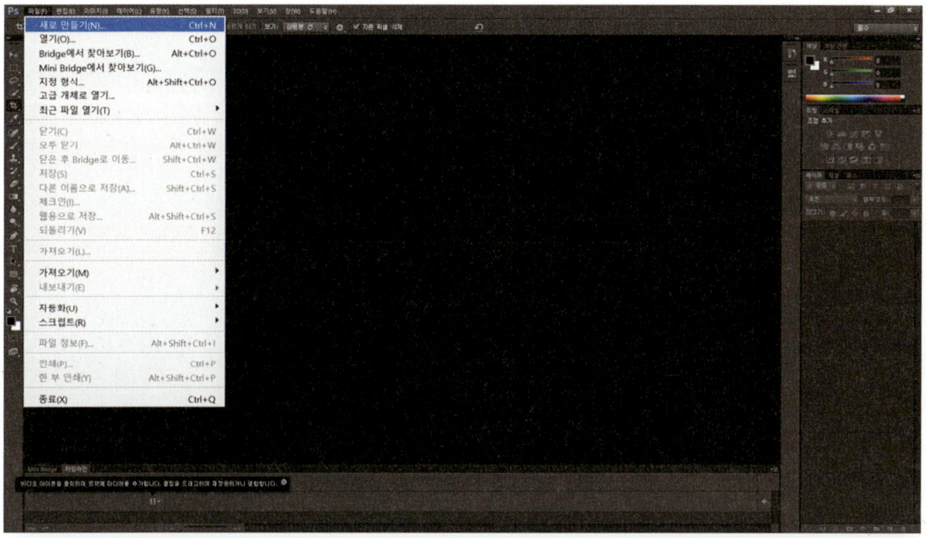

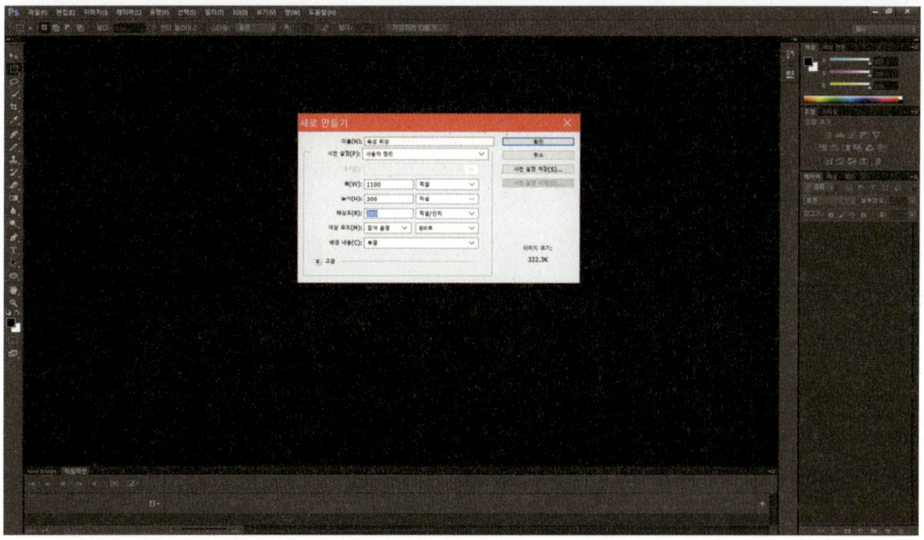

2 사진들을 포토샵에서 편집할 수 있도록 불러오기 위해, 폴더 화면에서 편집할 사진들을 선택하고, 다음의 포토샵 화면의 붉은색으로 표시된 부분으로 드래그 앤 드롭하여 추가한다.

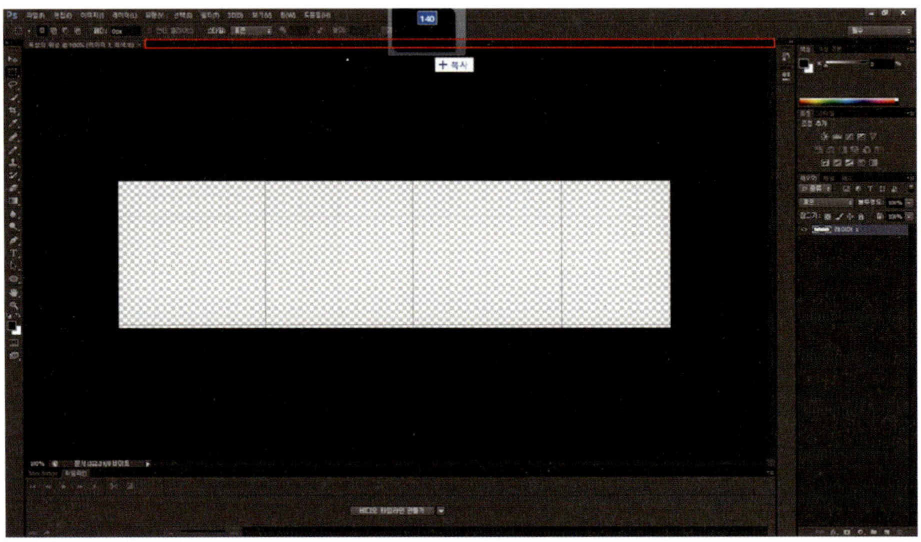

3 각 사진들이 새로운 작업공간으로 만들어진다. 그 사진의 작업공간 왼쪽의 도구 모음 상자에서 사각형 선택 윤곽 도구를 선택하고, 사진에서 목성과 위성들이 충분히 포함될 정도의 크기를 선택하고 키보드 단축키 Ctrl+C를 누른다(복사).

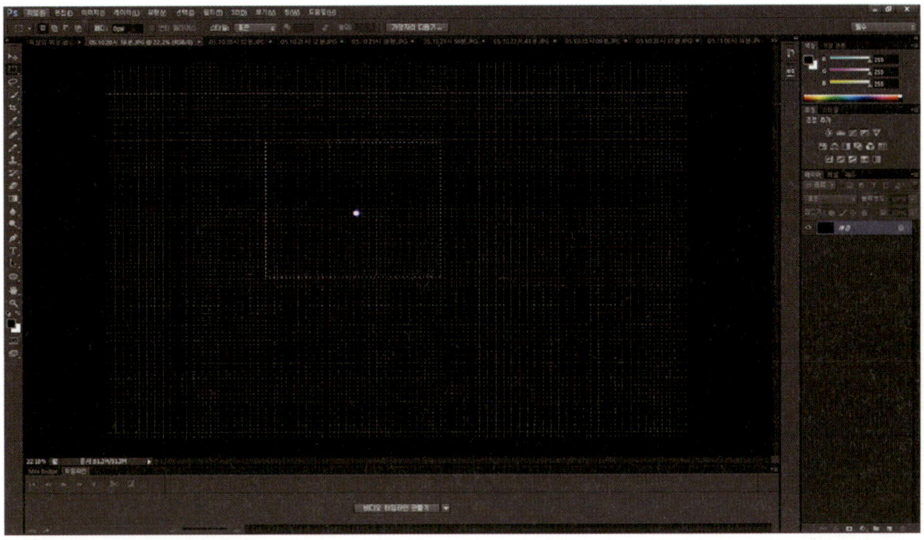

4 1의 과정을 통해 만들어진 작업공간(예시 화면: 목성의 위성)으로 이동한 후 키보드 단축키 Ctrl+V를 누르면(붙여넣기) 사진이 나타난다. 그 후, 키보드 단축키 Ctrl+T를 눌러서 붙여 넣은 이미지를 이동 & 회전할 수 있는 상태로 만들어준다. 그 후 목성을 레이어의 중심으로 가져오고 위성들이 배열된 방향이 좌우 방향이 되도록 이미지를 회전시키고 키보드 Enter를 누른다. 그런데 이때 주의해야 할 사항은 확대 스케일이 동일해야 하기 때문에 크기는 절대 변형해서는 안 된다는 것이다. 그리고 키보드 단축키 Ctrl+I를 이용하여 이미지를 반전시켜준다.

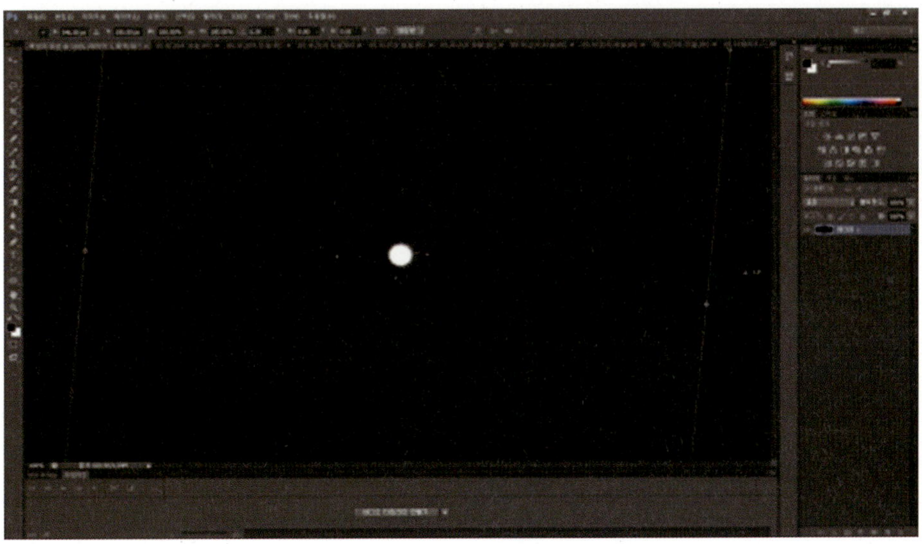

5 화면 오른쪽의 레이어 이름을 더블클릭하면 레이어의 이름을 바꿀 수 있다(아래 사진의 화면 오른쪽 빨간색 네모표시). 포토샵은 사진파일로 저장하는 과정에서 각 레이어의 이름으로 파일을 저장하므로, 촬영한 날짜 등 알아보기 쉬운 이름으로 바꿔놓는 것이 좋다.

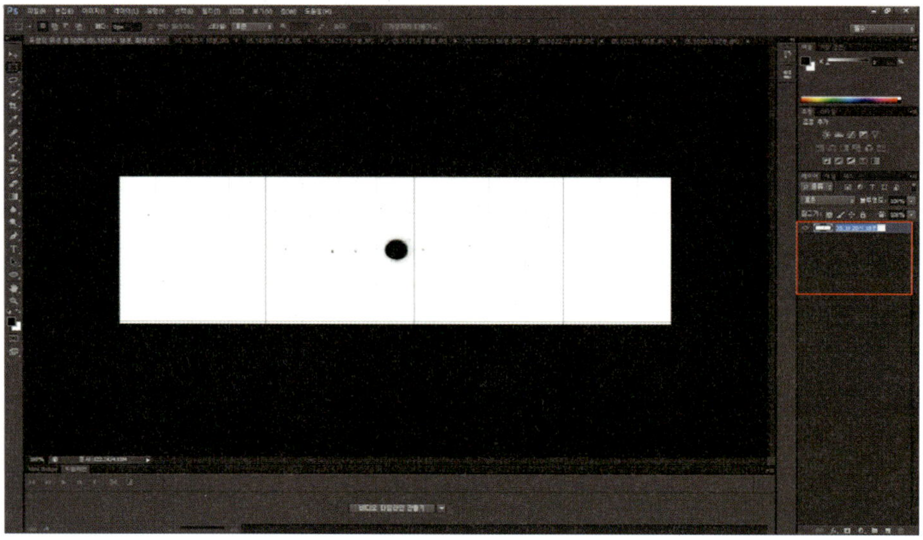

6 다른 사진들도 같은 방법으로 한 작업 탭에 계속해서 붙여 넣는다. 그 후, 작업한 사진들을 저장하기 위해 '파일-스크립트-레이어를 파일로 내보내기'를 클릭하여 파일을 저장한다.

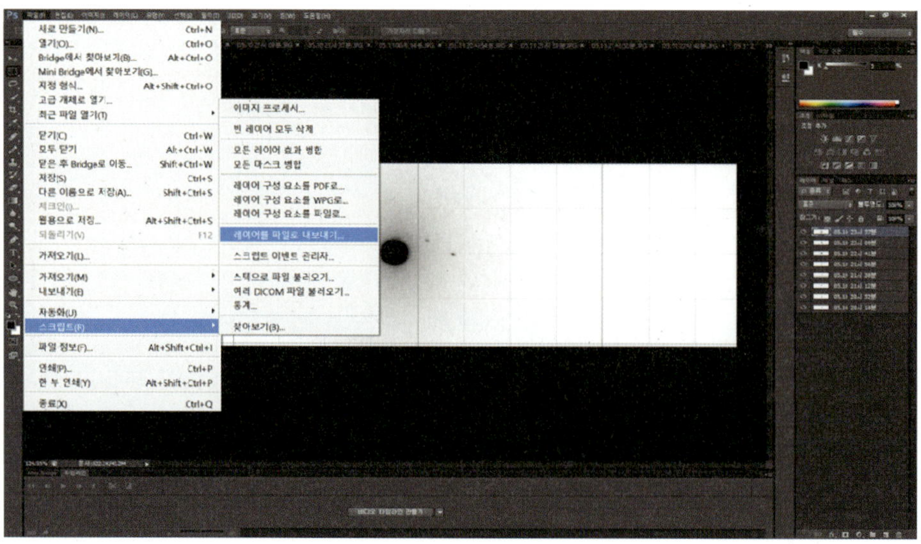

4.5.3. 사진 자료의 정리와 목성과 목성 위성 사이의 거리 측정

사진 자료들을 측정할 수 있도록, 문서 작업 프로그램에 사진으로 삽입하고, 사진에 나타난 점이 어떤 위성인지 표시한 후 거리를 측정할 것이다. 목성의 주변에 찍힌 위성들이 각각 어떤 위성인지를 나타내기 위해, 지정한 날짜에 천체가 지구에서 어떻게 보이는지를 보여줄 수 있는 프로그램인 Stellarium을 이용할 것이다. 아래의 사진은 직접 찍은 목성을 편집하여 나타낸 것이다.

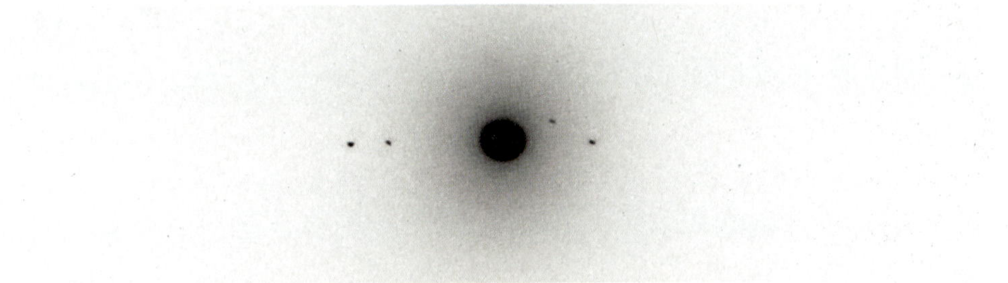

목성 사진 예시-2017년 05월 10일 23시 37분에 촬영

1. 한글 프로그램을 실행시키고, 폴더에 있는 목성 편집 파일을 드래그하여 한글 편집 화면에 붙여넣기 한다. 그 후, 아래에 몇 월 며칠 몇 시 몇 분의 사진인지를 적어 넣는다. 모든 사진은 '글자처럼 취급' 설정해주고, 모든 글을 가운데정렬 한다.

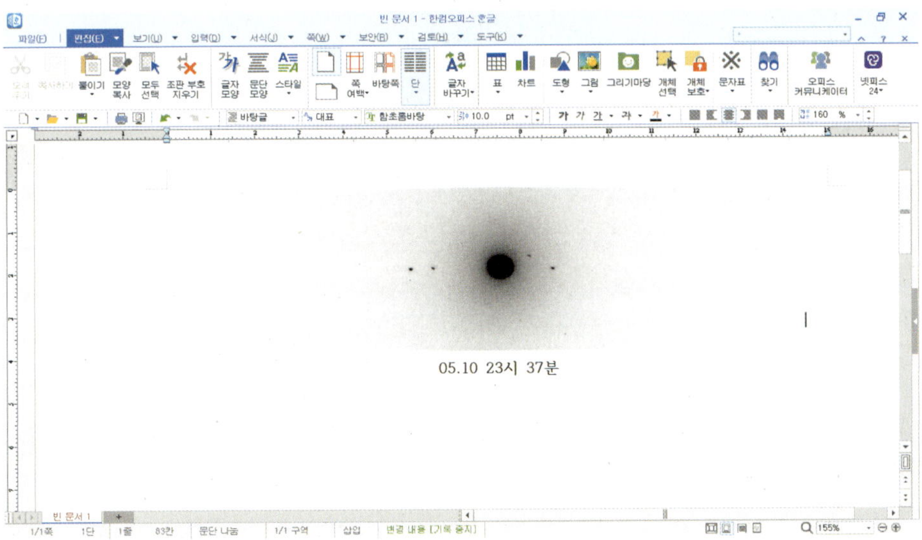

2 여기 나타난 시간을 Stellarium에 입력하고, 검색창에서 목성을 검색한다. 이를 직접 촬영한 사진과 비교하여, 이오(I), 유로파(E), 가니메데(G), 칼리스토(C)로 표시하여준다.

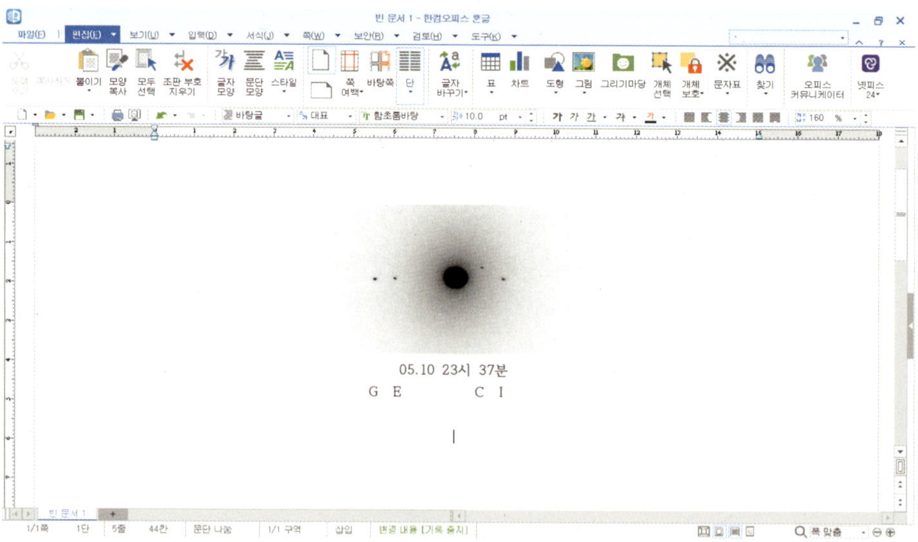

3 이러한 방법으로 모든 사진을 한 한글파일에 작성하여 인쇄한 후, 목성의 중심으로부터 목성의 각 위성까지의 거리를 측정한다. 측정한 값은 스프레드시트 프로그램인 Excel을 이용하였다. 여기서 목성을 기준으로 오른쪽에 위치한 위성과의 거리를 측정한 값은 +부호를, 목성의 왼쪽에 위치한 위성과의 거리를 측정한 값은 -부호를 붙여준다. 측정에 오차가 있을 수도 있기 때문에, 여러 명이 똑같이 측정하여 오차를 줄이도록 하는 것이 좋겠다. 측정은 약 0.1mm 단위로 한다.

년	월	일	시	분	측정1 이오	유로파	가니메데	칼리스토
2017	5	10	20	18	0.50	-0.75	-1.20	0.25
2017	5	10	20	41	0.55	-0.80	-1.30	0.25
2017	5	10	21	12	0.60	-0.90	-1.35	0.30
2017	5	10	21	38	0.70	-1.00	-1.40	0.35
2017	5	10	21	56	0.70	-1.05	-1.40	0.35
2017	5	10	22	41	0.80	-1.10	-1.50	0.40
2017	5	10	23	9	0.85	-1.10	-1.50	0.45
2017	5	10	23	37	0.90	-1.15	-1.55	0.50

측정2 이오	유로파	가니메데	칼리스토	측정3 이오	유로파	가니메데	칼리스토	측정4 이오	유로파	가니메데	칼리
0.5	-0.8	-1.25	0.30	0.5	-0.7	-1.25	0.20	0.5	-0.8	-1.2	(
0.5	-0.8	-1.25	0.32	0.55	-0.7	-1.25	0.30	0.55	-0.8	-1.25	(
0.6	-0.9	-1.3	0.37	0.6	-0.9	-1.35	0.30	0.6	-0.9	-1.3	(
0.7	-0.95	-1.35	0.40	0.7	-0.95	-1.35	0.35	0.7	-0.95	-1.35	(
0.7	-1	-1.4	0.40	0.75	-1	-1.4	0.40	0.7	-1	-1.4	(
0.8	-1.05	-1.5	0.40	0.85	-1.1	-1.5	0.40	0.8	-1.05	-1.4	(
0.85	-1.1	-1.5	0.50	0.9	-1.1	-1.5	0.50	0.8	-1.1	-1.5	(
0.9	-1.15	-1.55	0.50	0.9	-1.2	-1.55	0.50	0.9	-1.15	-1.55	(

Sheet1

4 Average함수를 이용하여 같은 시간에 동일 위성까지의 거리를 측정한 데이터들의 평균을 구해준다.

※ 원래는 촬영한 사진을 놓고 각 위성들의 움직임을 보고 촬영된 각 위성들을 동정해야 하지만 중, 고등학생들에게 너무 어렵기에 '스텔라리움'을 이용하여 동정하기로 했다.

4.5.4. 측정한 데이터를 이용하여 공전주기 구하기

목성의 위성 이오, 유로파, 가니메데, 칼리스토 모두 거리를 측정하였다면, 이 데이터를 이용하여 위성의 공전주기를 구해낼 것이다. 이에 대한 자세한 과정은 아래에 서술되어있다. 이오를 예시로 할 것이다.

1 기준 날짜로부터 시간이 얼마나 지났는지를 나타내는 '간 날짜'를 구할 것이다. 관측 시(hour), 분은 서로 다른 열에 입력하고, 관측 날짜는 엑셀에서 같은 행의 빈 셀에 년/월/일의 형식으로 따로 입력해준다. 이 값들을 이용하여, 간 날짜는 아래와 같이 구할 수 있다.

$$\text{간 날짜} = \text{관측 날짜} + \frac{\text{관측시}}{24} + \frac{\text{관측분}}{60 \times 24} - \text{기준 날짜}$$

이 식을 이용하여 위에 나타난 각 값에 해당하는 수식을 엑셀에 입력해주면, 기준 날짜로부터 얼마나 시간이 지났는지를 알 수 있는 '간 날짜'를 구할 수 있다. 여기서 기준 날짜는 절대참조해야 한다.

2 아래의 왼쪽 그림과 같이, 엑셀 창의 왼쪽 윗부분에 아래쪽으로 표시된 버튼을 클릭하여 기타 명령을 클릭한다. 아래 가운데와 같은 창이 나타나면, 명령 선택을 '모든 명령'으로 선택하여, '디자인 모드'와 '스크롤 막대(Active X컨트롤)'를 찾아 추가한다. 그러면 엑셀창의 왼쪽 위에 두 아이콘이 추가된다.

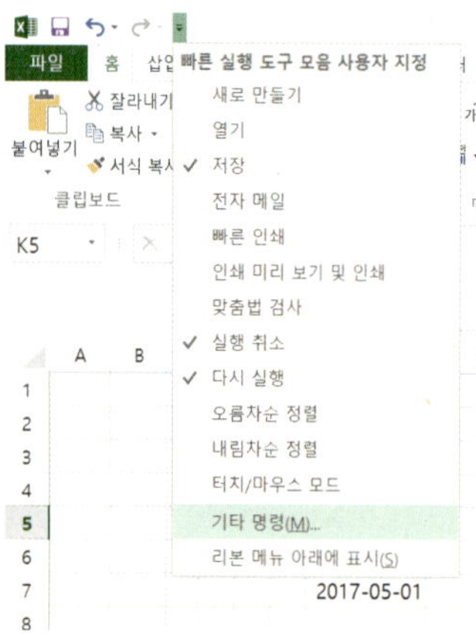

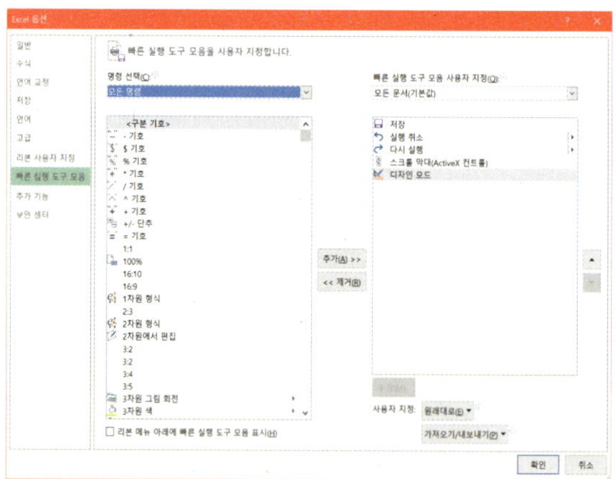

3 먼저, 아래의 왼쪽 그림과 같이 스크롤 막대를 적당한 크기로 만들어주고, 디자인모드를 클릭하여 만들어낸 스크롤 막대를 마우스 오른쪽 클릭을 하여 '속성'을 클릭한다. '속성'에서 LinkedCell 란에 스크롤 막대의 가까운 셀을 입력한다. 디자인 모드를 해제하고 스크롤막대를 클릭하면 앞에서 입력했던 칸에 숫자가 입력될 것이다. 그 다음, 이 칸을 1000으로 나눈 값을 옆 칸에 입력해준다.

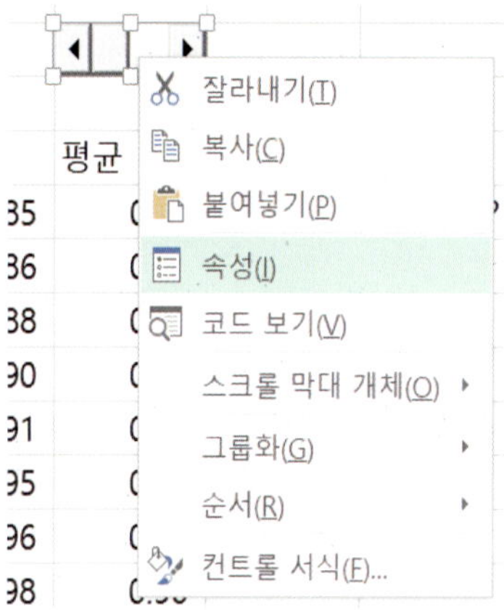

4 Excel의 나머지를 구하는 함수인 Mod함수를 이용할 것이다. 이 과정에서 Mod 함수를 이용하는 이유는 목성의 위성이 초기 위치(기준 날짜에서의 위치)로부터 몇 바퀴를 공전한 후, 초기 위치에서 얼마만큼 더 공전 갔는지를 알아내기 위해 사용하는 것이다. 간 날짜를 주기로 나누면 몫은 공전한 바퀴 수가 되고, 나머지는 한 주기 내에서 초기 위치로부터 얼마나 더 공전하였는지를 나타내는 값이 되는 것이다. Mod 함수는 (나머지를 구하려는 수, 나누는 수)로 구성이 되며 나머지를 구하려는 수에는 간 날짜, 나누는 수에는 **3**의 과정에서 마지막에 만들어진 셀을 절대참조하여 입력하면 된다.

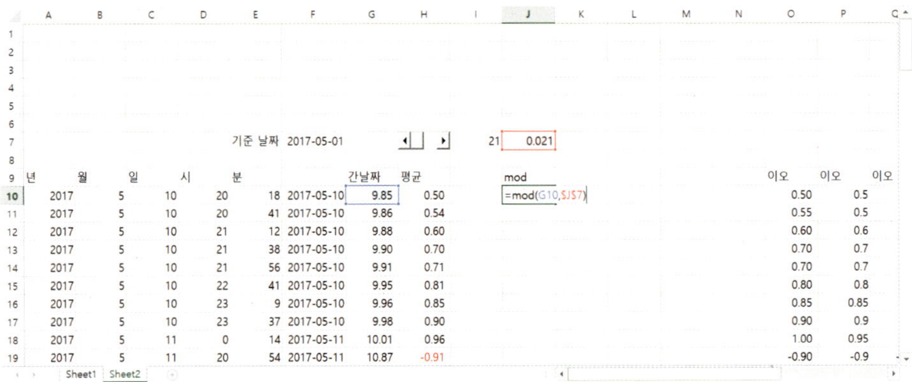

5 삽입 탭에서 분산형 차트를 선택하고, x좌표에는 mod함수를 통해 구한 열, y좌표에는 측정한 길이의 평균에 해당하는 열을 선택한다.

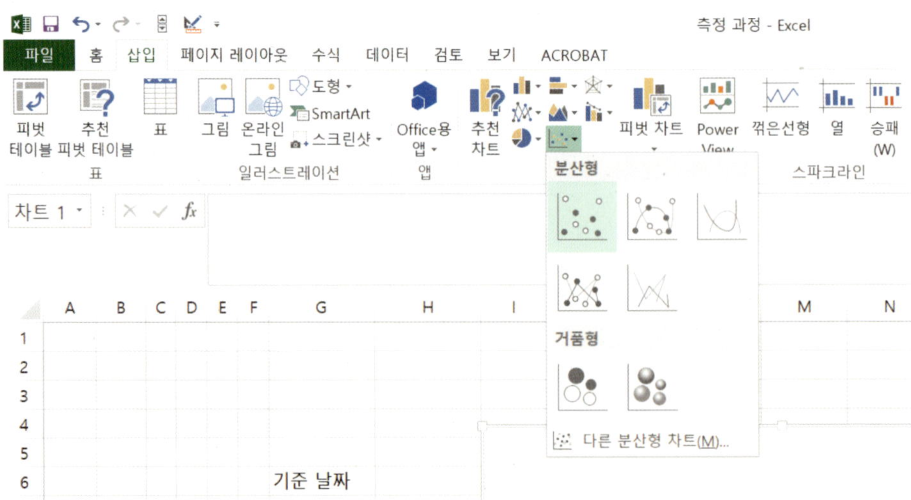

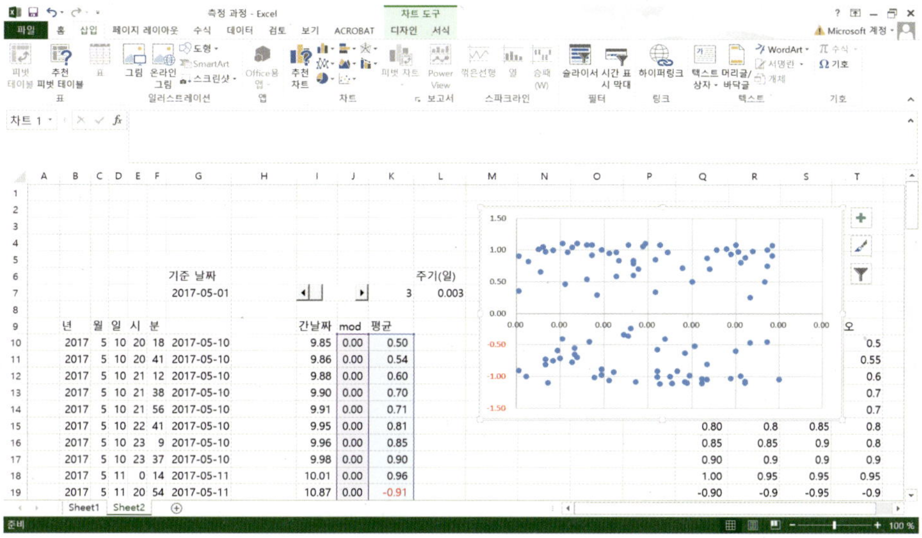

6 스크롤 막대를 움직이면서 적절한 주기를 찾아낸다면, 목성의 위성들은 sin 또는 cos 그래프의 형태를 만들어낼 것이다. 아래 사진의 예시에 사용한 이오의 경우에는 1.769일 정도의 주기를 갖는 것으로 볼 수 있다.

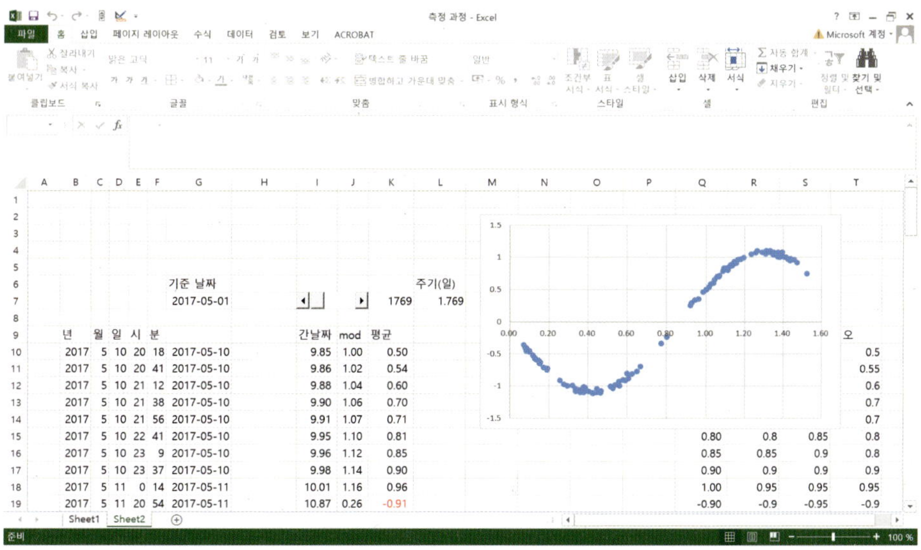

7 유로파, 가니메데, 칼리스토 또한 동일한 방법으로 진행하면 된다. 실제 공전주기와는 약간의 차이가 있을 수 있지만, 각 위성들의 공전주기를 유로파는 3.548, 가니메데는 7.150, 칼리스토는 16.700일 정도로 설정했을 때, 가장 그래프가 한 파장의 sin 또는 cos 함수 형태로 그려지는 것을 볼 수 있었다. 따라서 각 위성들의 궤도는 원궤도이다. 실제 갈릴레오 위성의 공전주기는 이오 1.77일, 유로파 3.55일, 가니메데 7.16일, 칼리스토 16.69일이다.

4.6. 목성의 질량 구하기

앞에서 구한 목성 위성의 공전주기에 목성과 목성 위성 사이의 거리에 대한 정보가 주어지면, 케플러가 발견한 세 가지 법칙 중 제3법칙인 조화의 법칙을 이용하여 목성의 질량을 구할 수 있다. 조화의 법칙은 항성계의 각각 행성의 반지름의 세제곱과 공전주기의 제곱이 비례한다는 것이었다. 이 법칙을 식으로 표현하면 다음과 같다.

$$P^2 = \frac{4\pi^2}{G(M+m)}a^3$$

여기서, G는 중력상수이며, $6.67\times10^{-11}m^3kg^{-1}s^{-2}$의 값을 갖고 있고, m(행성의 질량)은 M(항성의 질량)에 비해 무시할 수 있을 정도로 작기 때문에, 위의 식은 다음과 같이 쓸 수 있다.

$$P^2 = \frac{4\pi^2}{GM}a^3 \qquad \Rightarrow \qquad M = \frac{4\pi^2}{G}\times\frac{a^3}{P^2}$$

이 원리를 항성과 행성뿐만 아니라, 행성과 위성에도 적용할 수 있다. 그렇다면 목성의 질량을 구하기 위해서는 m에 해당하는 목성 위성의 질량을 무시하고, M에 해당하는 목성의 질량의 값을 구하기 위해서는 a(목성 위성의 공전궤도 반지름)와 P(목성 위성의 공전주기)를 알아야 한다. 여기서, G는 상수이며, P는 앞에서 구한 것을 이용할 것이다. 우리는 a를 우리가 사진에서 목성과 목성 위성들 간의 거리를 자를 이용하여 측정한 데이터로 알 수 있다. 사진 속의 목성의 지름을 이용하여, 목성과 위성들 사이의 실제 거리를 구하여 여기서 사용할 것이다.

4.6.1. 목성과 목성 위성들 사이의 실제 거리 구하기

4.6.1.1. 목성의 지름

우선 우리는 목성이 우리와 얼마나 떨어져있으며, 각지름이 얼마인지를 알아내면, 비례식을 이용하여 목성의 실제 지름을 구할 수 있게 된다. 지구로부터 목성까지의 거리를 D, 해당 날짜의 목성의 각지름을 a', 목성의 실제 지름을 β라고 한다면, $360\times60\times60['']:a'['']=2\pi D[AU]:\beta[AU]$이라는 식을 만족할 것이다. D와 a'은 역서를 활용하여 찾아낼 수 있다. 역서는 한국천문연구원 홈페이지에서 다운받을 수 있다. 그것이 번거롭다면, Stellarium 프로그램에서 목성을 클릭하면 나타나는 왼쪽 상단의 정보들 중에서 시직경과 거리에 해당하는 값을 이용하여 찾을 수도 있다.

Stellarium의 정보를 이용하여 찾아낸 2017년 05월 10일 23시 37분의 a'값과 D값은 $42.8''$와 $4.602AU$이다. 이를 이용하여 β를 구하면 $\beta=9.55\times10^{-4}AU$이다. 그리고 4.5.4의 과정 3에서 인쇄했던 종이에 있는 목성의 지름을 측정한다. 사진 속에서의 목성의 지름은 약 0.4cm 정도로 측정이 되었다.

※ 목성의 각지름을 촬영한 사진을 통해 구할 수 있다. 그러나 이는 너무 어렵기에 '스텔라리움'의 정보를 이용하였다.

4.6.1.2. 사진 속 목성 위성들의 공전궤도 반지름 측정

앞에서 각 위성들이 목성으로부터 가장 멀리 위치했을 때의 값을 공전궤도 반지름으로 가정해보자. 오른쪽으로 가장 멀리 떨어졌을 때는 엑셀에서 max함수를 이용하여 찾을 수 있고, 왼쪽으로 가장 멀리 떨어져 있을 때는 min함수를 이용하면 된다. 이 두 값 중 절댓값이 더 큰 값을 반지름으로 가정할 수 있다. 이오는 1.12, 유로파는 1.75, 가니메데는 2.8, 칼리스토는 4.94이다.

4.6.1.3. 실제 목성 위성들의 공전궤도 반지름 구하기

앞에서 사진 속 목성의 지름과 실제 지름을 구했고, 사진상의 목성 위성들의 공전궤도 반지름을 구했다. 이들을 이용하고 비례식을 통해, 목성 위성들의 실제 공전궤도 반지름을 AU단위로 구할 수 있다. 즉,

$$0.3 : \text{사진 궤도 반지름} = 9.55 \times 10^{-4} : \text{구한 궤도 반지름}$$

이를 이용하여 구한 목성과 각 위성 사이의 거리를 아래의 표와 같이 나타낼 수 있다.

위성	cm	AU
이오	1.12	2.79×10^{-3}
유로파	1.75	4.40×10^{-3}
가니메데	2.80	7.04×10^{-3}
칼리스토	4.94	1.24×10^{-2}

4.6.1.4. 목성의 질량 구하기

목성 위성들의 주기와 목성 위성의 공전궤도 반지름을 이용하여 목성의 질량을 구해보자. 각각의 위성들의 공전궤도 반지름과 공전주기를 이용하면 행성의 질량을 계산할 수 있다. 여기서 계산상의 편의를 위해, 단위를 통일해야 한다. $M = \frac{4\pi^2}{G} \times \frac{a^3}{P^2}$에서 질량($M$)의 단위를 태양질량 단위, 시간($P$)의 단위를 $year$, 거리(a)의 단위를 AU로 변환해야 한다. 단위들을 변환시키면, 중력상수 G는 $G = 39.31 AU^3 M_\odot^{-1} year^{-2}$이 되며, 위성의 공전궤도 반지름과 공전주기는 다음의 표와 같아진다.

위성	거리(cm)	반지름(AU)	공전주기(d)	공전주기(year)
이오	1.12	2.79×10^{-3}	1.77	4.85×10^{-3}
유로파	1.75	4.40×10^{-3}	3.55	9.72×10^{-3}
가니메데	2.80	7.04×10^{-3}	7.15	1.96×10^{-2}
칼리스토	4.94	1.24×10^{-2}	16.70	4.58×10^{-2}

단위를 변환한 값들을 이용하여, $M=\frac{4\pi^2}{G}\times\frac{a^3}{P^2}$ 식에 대입하면, 아래의 표와 같이 태양질량 단위에서의 목성의 질량을 구할 수 있다.

위성	태양질량단위($M_\odot$)
이오	0.00093
유로파	0.00090
가니메데	0.00091
칼리스토	0.00092

4.6.2. 실제 목성의 질량과의 비교

실제 목성의 질량은 $1.9\times10^{27}kg$ 정도로, 태양질량 단위로는 $0.00095M_\odot$ 이다. 위의 과정을 통해 구한 목성의 질량은 실제 값에 비해 약간 낮게 측정되기는 하였지만, 가장 큰 오차를 갖는 유로파의 자료를 이용한 경우가 약 5% 정도의 오차를 갖는 것을 보면 비교적 정확하게 측정이 되었다고 할 수 있다.

4.7. 토성 위성의 공전궤도 구하기

토성은 목성과 마찬가지로 태양계 내의 행성이며, 태양계 행성 중 가장 뚜렷한 고리를 갖고 있다. 목성과 마찬가지로 토성도 위성을 많이 보유하고 있다. 갈릴레이 위성들은 목성의 공전궤도면과 지구에서의 시선방향이 거의 나란했기 때문에, 왕복 직선운동을 하는 것처럼 보였다. 하지만 이들과 달리, 지구에서 볼 수 있는 토성의 위성들의 공전궤도는 지구에서의 시선방향과 서로 평행하지 않고 기울어져있기 때문에, 지구에서 본 토성의 위성의 궤도는 타원의 형태를 띤다. 가장 잘 보이는 위성인 타이탄 또한 공전궤도는 실제로 원에 가깝지만 이심률이 큰 타원으로 보인다.

4.7.1. 토성관측 계획수립

목성을 관측할 때와 마찬가지로, 토성과 토성의 위성의 사진을 직접 촬영하기 위해서는 토성의 관측이 용이한 기간을 설정하여, 관측 계획을 수립하는 것이 중요하다. 토성의 위성 중에서도, 지구에서 관측하기 가장 용이한 위성은 타이탄이다. 카메라를 이용하여 토성을 촬영하였을 때 적당한 ISO와 노출시간을 주면 타이탄의 존재를 확인할 수 있으며, 토성으로부터 적당한 거리에 떨어져있어서 토성과 구분하기 쉽기 때문이다.

토성의 공전주기는 29.42년이며, 지구와 토성의 회합주기는 약 378일로, 1년 하고도 13일 정도다. 2018년 기준으로 토성이 충의 위치를 지나는 날은 7월 6일이다. 이 기간을 전후로 하여 보름 내지 한 달 정도의 기간을 두고 매일 1회씩만 촬영을 하더라도, 토성의 위성 타이탄의 궤도를 그리는 데에 무리는 없을 것이다(관측 여건에 따라 이른 저녁과 새벽 각각 1회씩 찍어도 좋음).

4.7.2. 토성 사진 자료의 보정

포토샵 프로그램을 이용하여, 토성을 가운데에 겹쳐서 그 주위를 공전하는 타이탄의 궤적을 표시하여, 그 궤적을 포함하는 가장 근접한 타원을 찾는 과정이 필요하다.

※ 토성과 토성 위성을 촬영한 사진은 2017년 9월 28일부터 2017년 11월 04일까지 촬영하였다. 기상 상황이 좋지 않은 날은 관측을 하지 못했기 때문에, 총 15장의 사진을 이용하게 되었다.

※ 이 과정의 초반부는 앞에서 다루었던 내용과 비슷하기 때문에, 더 자세한 설명은 앞 단원에서 살펴보는 것이 좋다.

1 파일 탭의 '새로 만들기'를 클릭하여 새로운 레이어를 만든다. 예시에서는 폭 380, 높이 253으로 설정하였으며, 해상도는 300으로 설정하였다.

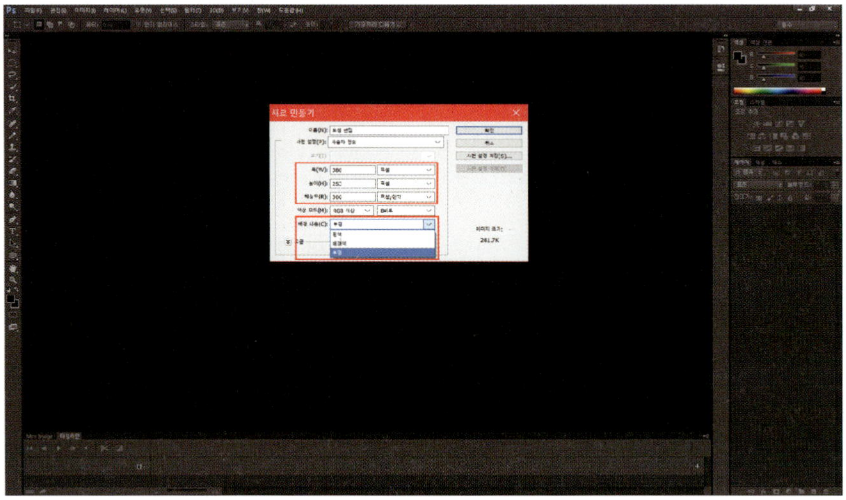

2 사진을 포토샵에서 편집할 수 있도록 불러와야 하므로, 앞의 2 과정과 같은 방법으로 사진들을 불러온다. 각 사진들이 새로운 작업공간으로 만들어지면, 사진의 작업공간 왼쪽의 도구모음 상자에서 사각형 선택 윤곽 도구를 선택하고, 사진에서 토성과 위성이 충분히 포함될 정도의 크기를 선택한 후 복사하여 1 과정에서 만들었던 작업공간의 레이어에 붙여 넣는다. 그 후 키보드 단축키 Ctrl +T를 눌러, 마우스 또는 키보드 방향키를 이용하여 토성이 화면에 나타나도록 이동 & 회전시켜준 후, 키보드 Enter를 누른다. 같은 방법을 이용하여 첫 번째 작업공간에 계속 덧붙인다.

3 여기서, 모든 사진에서의 토성의 위치를 일치시키기 위해서, 덮어쓴 사진의 불투명도를 50 정도로 설정한다. 불투명도는 아래의 예시 화면에서 붉은색 네모로 표시하였듯이, 포토샵 화면의 오른쪽 중간쯤에서 설정할 수 있다. 이렇게 하면 두 사진이 겹쳐보이게 되므로, 토성의 모양이 일정하도록 사진을 이동 & 회전시킬 수 있게 된다. 이동과 회전이 끝나면 다시 불투명도를 100%로 설정해야 한다.

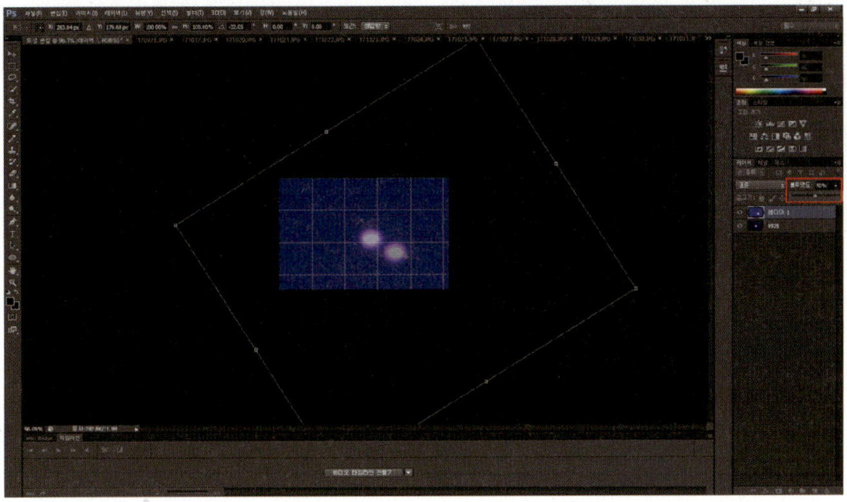

4 모든 사진을 정렬하면, 토성을 중심으로 공전하는 타이탄의 궤도를 그릴 것이다. 타이탄의 궤도를 그리기 위해, 사진에 나타난 타이탄의 위치를 한 화면에 표시를 해야 하므로, 작업공간의 가장 위에 빈 레이어를 하나 추가한다.

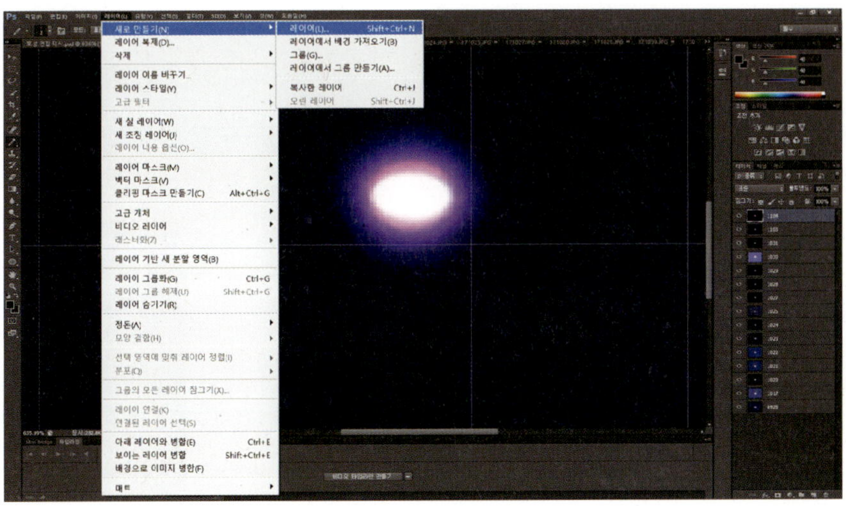

5 왼쪽 도구 모음에서 연필 도구를 클릭하여 토성의 중심 부분에 점을 찍어서 표시해준다.

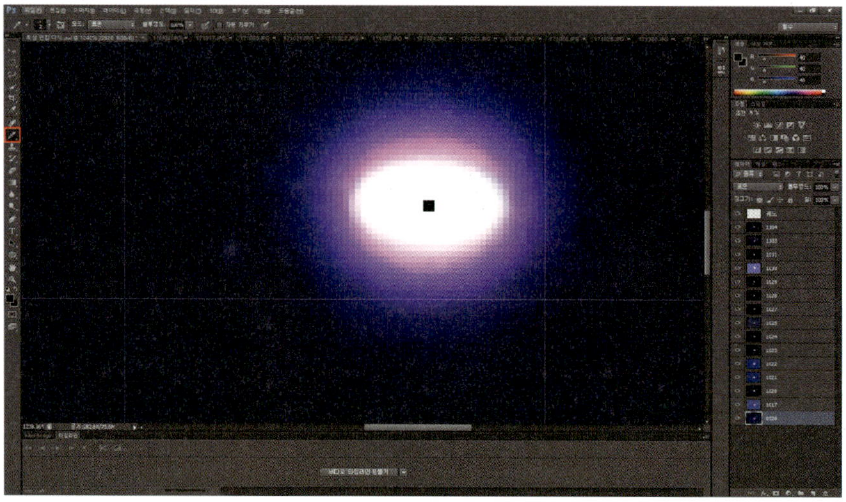

6 토성의 모양대로 타원을 하나 그려준다. 타원을 그리는 도구는 화면 왼쪽 도구 모음에 있다. 타원도 마찬가지로 키보드 단축키 Ctrl+T를 이용하여 크기와 위치를 조정하고 회전을 시킬 수 있는데, 이를 이용하여 토성의 모양에 맞춰준다. 타원 편집을 마치면, 마우스 오른쪽 버튼을 클릭하여 혼합 옵션을 클릭하고 왼쪽 목록에서 '획'을 클릭하여 테두리를 만들어주고, 테두리의 두께는 적절하게 조절한다.

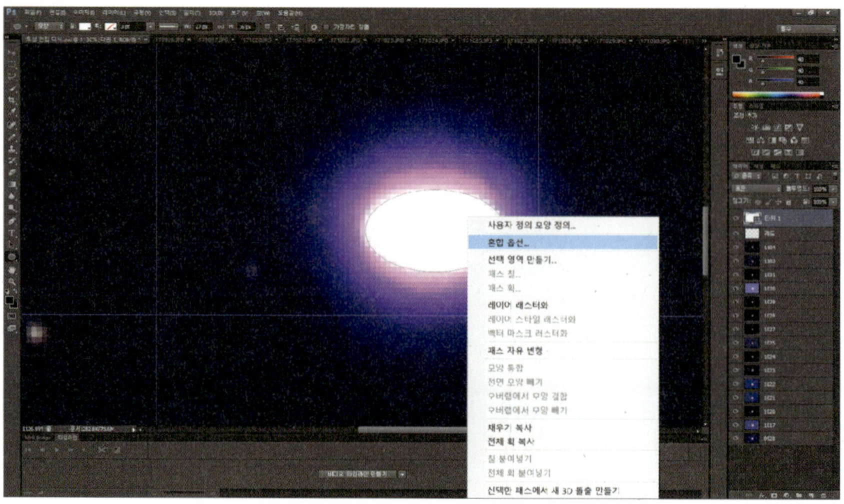

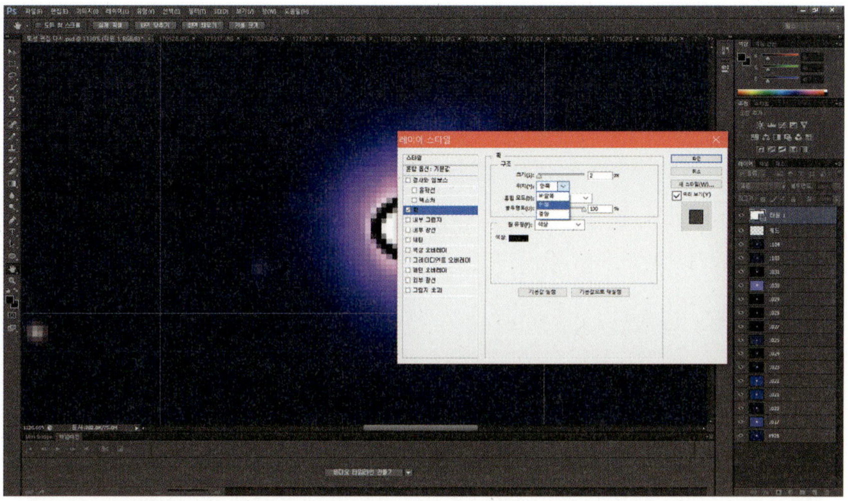

7 오른쪽의 레이어 목록에서, 타원 레이어는 궤도 레이어의 바로 아래로 드래그하여 옮겨준다.

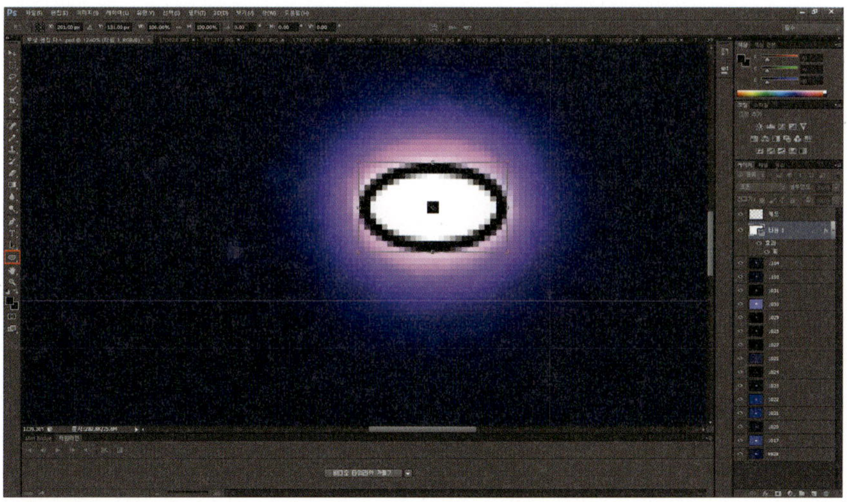

8 왼쪽의 도구모음 중 연필도구를 이용하여 토성의 위성 타이탄의 위치마다 점을 찍어준다. 이때, 오른쪽 아래 레이어 목록 중 궤도 레이어가 선택되어있어야 한다. 아래의 그림에서, 오른쪽 아래 레이어 목록에서 붉은색으로 표시한 부분의 눈 모양 버튼을 눌러주면 그 레이어는 보이지 않게 된다(다시 한 번 더 누르면 다시 보임). 투명한 레이어가 아니라면, 가장 위의 레이어만 화면에 나타나게

되므로, 위에서부터 차례로 레이어를 보이지 않게 만들어주면서, 토성의 위성 타이탄의 위치에 점을 찍어준다.

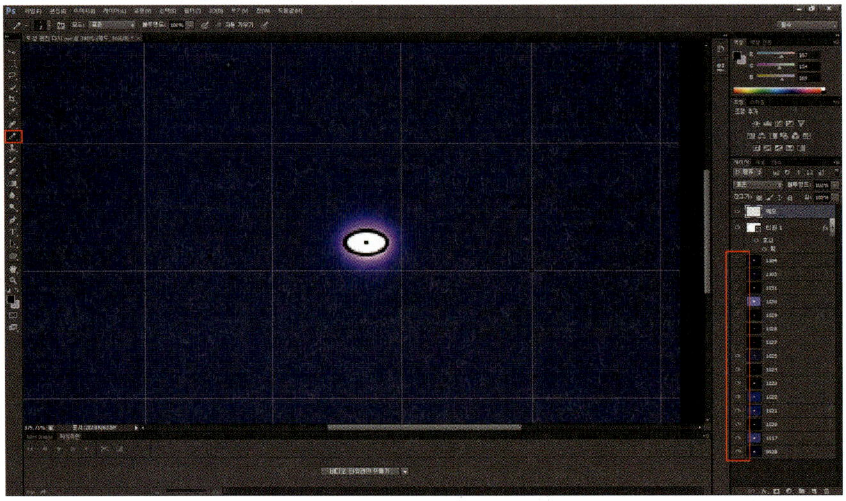

9 점을 다 찍으면, 그 궤도에 가장 가까운 타원을 그린다. 6에서와 마찬가지 방법으로 테두리를 표시해준 후, 키보드 단축키 Ctrl+T를 이용하여 타이탄의 위치를 표시한 점들을 지나도록 모양을 크기를 조절하고 회전을 시키면서, 모든 점에 가장 가깝게 지난다고 생각하는 모양의 타원으로 만든다.

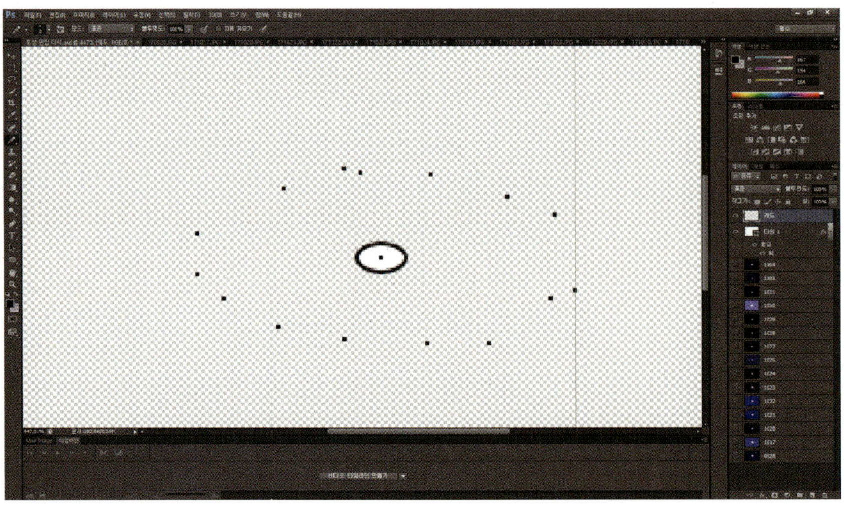

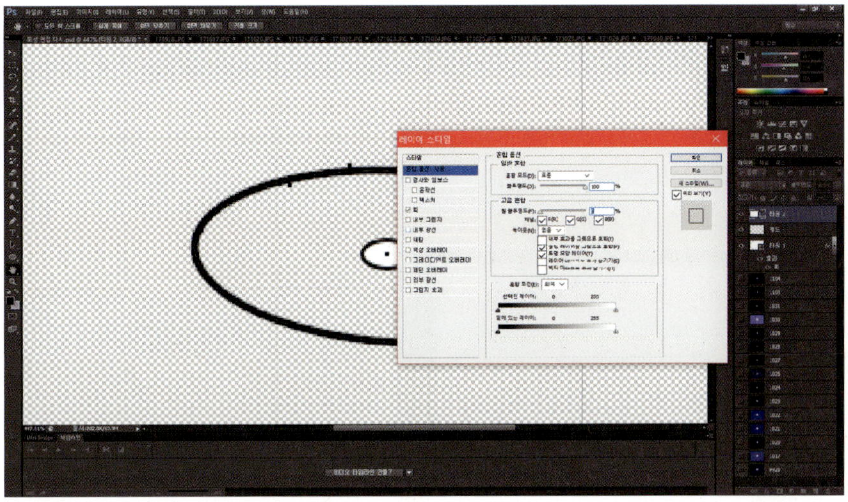

4.7.3. 타원 궤도의 요소

1 이전 단계에서 만든 타원 그림을 인쇄해야 한다. 파일 탭의 인쇄를 클릭하여 인쇄화면을 띄운다.

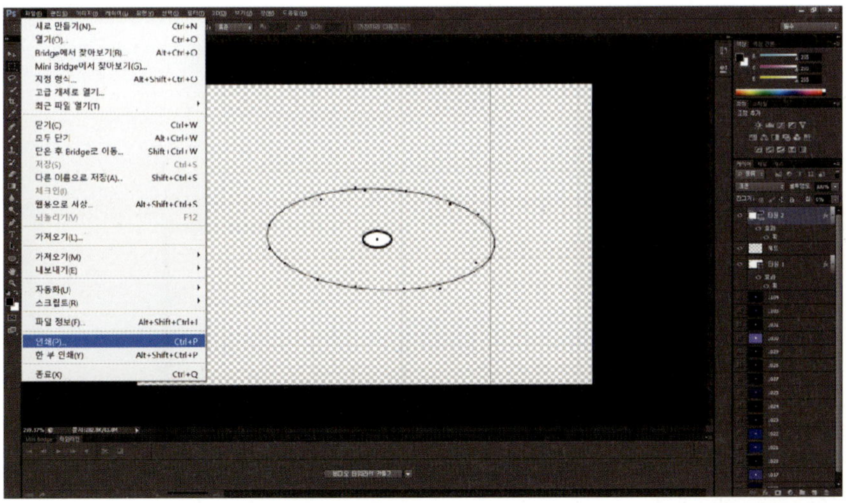

2 인쇄화면을 연 후, 레이아웃에서 편집 화면의 비율이 어떤지에 따라 세로방향으로 인쇄할지, 가로방향으로 인쇄할지를 설정한다(예시에서는 가로방향으로 설정하였음).

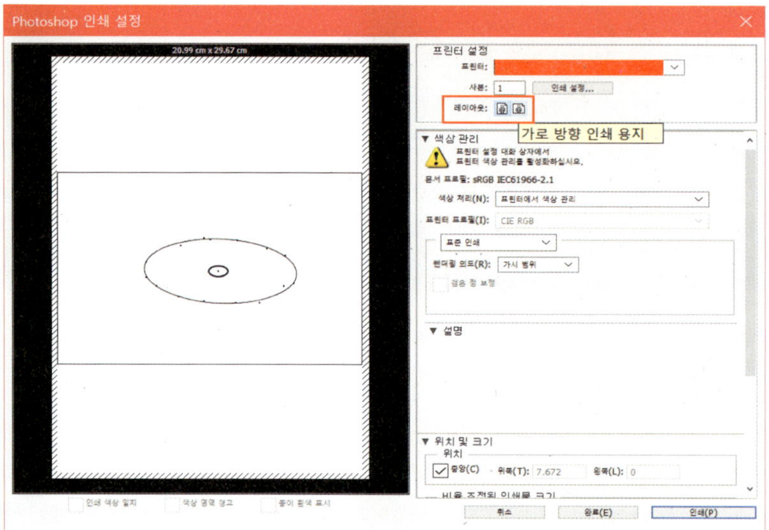

3 그 후, 그림이 용지의 크기에 맞게 확대되도록 '미디어에 맞추어 비율 조정'을 클릭하여 체크표시를 만들어주고, 인쇄버튼을 클릭하여 프린터에서 인쇄를 해준다.

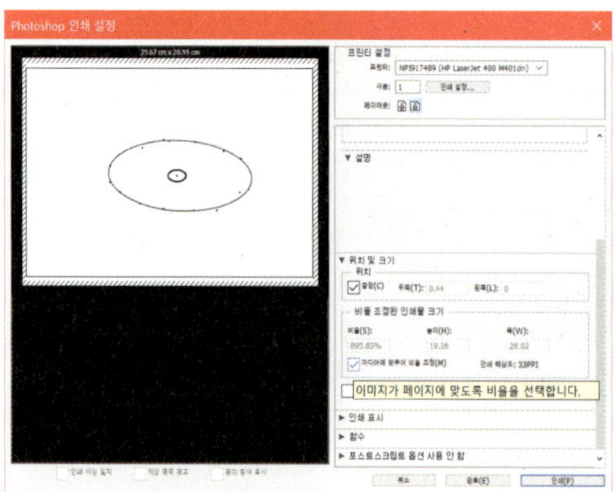

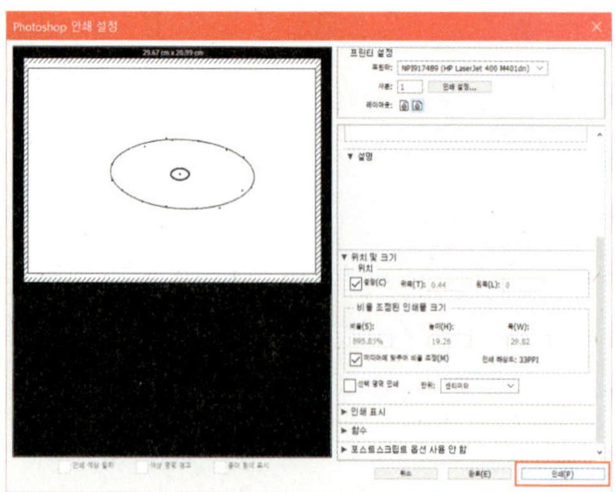

4.7.4. 타이탄 공전궤도의 이심률, 장반경, 경사각 및 토성의 질량을 구하는 방법

1 아래의 사진과 같이, 타원이 완벽하게 겹치도록 종이를 반으로 접는다(장축 단축 모두).

2 종이를 접었을 때 생기는 두 선이 겹치는 곳이 타원의 중심이 될 것이다. 이렇게 나타난 타원의 중심(C)을 표시하고, 이 타원의 중심과 토성의 중심(S) 사이의 길이를 0.1mm단위로 측정하여 $\overline{CS}=1.7$mm를 얻었다.

3 타원의 중심과 토성의 중심을 지나는 직선이 타원과 만나는 교점(A_1)으로부터, 타원의 중심(C)까지의 길이를 0.1mm단위로 측정하여, $\overline{CP}=55.0$mm를 얻었다.

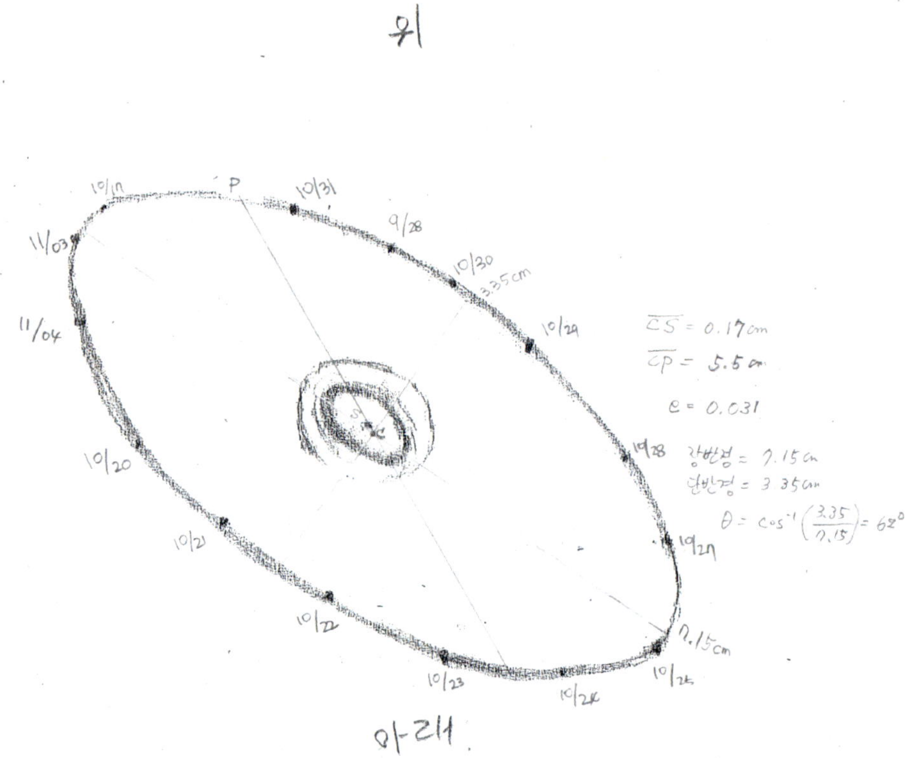

손으로 그린 타이탄의 궤도와 그 정보

4 다음의 그림은 안시쌍성의 상대운동에서의 궤도요소를 나타내는 그림이지만, 이는 행성과 위성의 관계에서도 적용할 수 있다. C는 타원의 중심, S는 토성에 해당한다. 우리가 보는 타이탄의 공전궤도는 타이탄의 실제 궤도가 아닌 겉보기 궤도이다. 타원의 형태를 띠지만 실제 궤도에서 얼마나 기울어졌는지는 알 수 없지만, 앞서 측정했던 $\overline{CP}$ 와 $\overline{CS}$의 비율은 실제 타원에서 장축의 길이, 중심-초점 사이의 거리의 비율과 같으며, 이 비율은 얼마나 기울든지 간에 항상 일정할 것이다.

식으로 표현하면

$\overline{CS} : \overline{CP} = ae : a$으로 표현할 수 있으며,

이는 $e = \dfrac{\overline{CS}}{\overline{CP}}$ 으로 간단하게 표현할 수 있다.

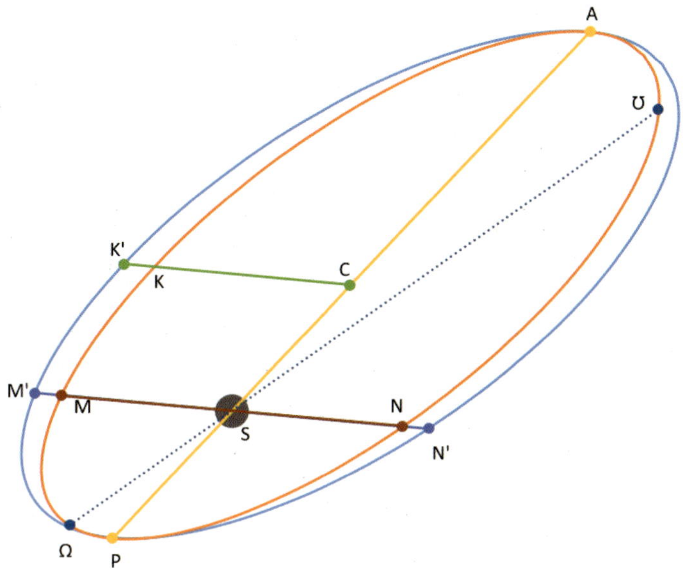

5 직접 관측한 데이터를 이용하여 구한 토성의 위성 타이탄의 공전궤도 이심률을 구해보자. $\overline{CS}=1.7$ $\overline{CP}=55.0$이고, $e=\frac{\overline{CS}}{\overline{CP}}$ 임을 이용하면, $e=\frac{\overline{CS}}{\overline{CP}}=\frac{1.7}{55.0}\approx 0.031$이다. 실제 타이탄 공전궤도의 이심률은 0.0288이다. 이심률이 거의 0에 가깝기에 타이탄의 궤도는 원과 거의 구별하기 어려운 타원궤도이다.

6 이제 타이탄의 궤도를 원이라고 가정하면, 관측된 타이탄의 궤도가 기울어져 있기에 타원같이 보인다. 따라서 보이는 겉보기 타원의 장반경이 타이탄 실제 궤도의 반경이 되고, 겉보기 궤도의 단반경은 타이탄 실제 궤도가 시선 방향에 경사를 이루기 때문에 실제 궤도의 반경이 짧아 보인다. 따라서

실제 궤도의 반경=겉보기 타원의 장반경

$$\cos(\text{경사각})=\frac{\text{겉보기 타원의 단반경}}{\text{겉보기 타원의 장반경}}$$

으로 구할 수 있다. 위 자료에 보이는 타이탄의 궤도를 거의 원궤도라 하면 겉보기 궤도가 타원으로 보이는 것은 궤도가 기울어져 보이기 때문이다. 보이는 타원의 장반

경은 71.5mm, 단반경은 33.5mm이기에 경사각은 62도 정도가 된다. 토성 관측으로 얻은 반경 값은 타이탄 궤도의 시반경 값이기에 토성까지의 거리를 알면, 실제 궤도의 반경을 m단위로 구할 수 있고, 관측으로부터 타이탄의 공전주기(~16일)를 알 수 있기에 토성의 질량도 구할 수 있다.

4.8. 낮에 보이는 별, 태양

태양은 우리에게 가장 친숙한 별이다. 그 이유는 태양이 우리에게 가장 가까이 위치한 별이기 때문이다. 태양이 지구로부터 가장 가까운 곳에 위치해 있더라도 그 거리는 빛의 속도로 8분 20초 정도 걸린다. 지구로부터 대략 1억 5천만 킬로미터 떨어진 곳에 위치한다. 한편, 태양에 가장 가까이 이웃하는 별은 지구로부터 약 4.3광년 거리에 있는 센타우루스 자리의 프록시마 별[1]이다. 지구에서 두 번째로 가깝다고 해도 태양보다는 수십만 배는 멀리 있는 셈이다. 그런데 센타우루스 자리의 프록시마 별은 거리는 가깝지만 다른 적색 왜성과 마찬가지로 매우 어둡기 때문에 육안으로 볼 수는 없다.

누구나 한번쯤 낮에 별이 보이지 않는 이유를 궁금해 했던 경험이 있을 것이다. 흔히 그 이유를 태양 빛이 밝기 때문이라고 생각할 수 있지만, 낮에 태양 이외의 별이 보이지 않는 직접적인 이유는 결국 태양에서 오는 빛을 대기가 산란하기 때문이다. 파장이 짧은 푸른 빛을 더 많이 산란하기에 하늘이 파랗게 보이게 된다. 이러한 이유로 전체 하늘의 밝기가 밝아져서 태양 이외의 어두운 별들이 우리 눈에 보이지 않게 된다.

태양이 떠 있을 때의 하늘이 다른 별들보다 얼마나 더 밝은지 양적으로 비교해 보기 위해 천문학에서 사용하는 밝기를 비교하는 방식인 등급 체계(Magnitude system)를 살펴보기로 한다. 기원전 2세기에 그리스 천문학자 히파르코스는 육안으로 볼 수 있는 별을 여섯 단계의 등급으로 구분하였다. 가장 밝은 별의 무리를 1등급, 다음 밝은 별의 무리는 2등급, 마지막으로 맨눈으로 볼 수 있는 가장 어두운 별의 무리를 6등급으로 분류하였다. 1856년에 포그슨(Norman Robert Pogson)은 1등급의 밝기는 6등급의 밝기의 100배와 같다는 허셜(Frederick William Herschel)의 발견을 확인하여 그 척도를 정량화하였다. 5등급의 차이는 밝기의 비 100에 해당하므로, 1등급 차이에 해당하는 밝기의 차를 x라 하면 5등급 차는

$$x \times x \times x \times x \times x = x^5 = 100$$

이므로 $x = 100^{1/5} = 10^{2/5} \simeq 2.512$가 나온다. 즉, 1등급 차이는 밝기로는 2.512배

1) 센타우루스 자리 프록시마 별은 적색 왜성으로 센타우루스 별자리 알파성의 동반성이다. 거리는 가깝지만 다른 적색 왜성과 마찬가지로 매우 어둡기 때문에 맨눈으로 볼 수는 없다. 절대 밝기는 15.5등급이며, 겉보기 밝기는 11등급이다. 주성인 센타우루스 알파성과의 거리는 약 15,000AU이며, 천구상에서는 약 2도 정도 떨어져 있다. 눈으로 볼 수 있는 별들 중에서 가장 가까운 별은 센타우루스 자리 알파성이고, 거리 4.37광년 떨어져 있다.

차이에 해당한다. 즉, 1등급의 별은 2등급의 별보다 약 2.512배 밝고, 2등급의 별은 3등급의 별보다 약 2.512배 밝다. 그런데 이러한 밝기의 비교는 지구의 관측자가 볼 때의 밝기, 즉 겉보기 밝기를 비교하는 것으로 이러한 등급을 겉보기 등급이라고 한다. 현재 등급의 척도는 6등급보다 큰(+) 값으로 확장되어 더 어두운 별들이 포함되고(팔로마 산의 200인치 망원경으로 +23.5등급까지 측정할 수 있다.), (-)의 등급은 매우 밝은 별(시리우스는 -1.6등급)로 확장된다. 즉, 매우 밝은 천체는 겉보기 등급이 1보다 작고, 매우 희미한 천체는 겉보기 등급이 6보다 훨씬 크다. 아래 〈표 4-2〉를 보면서 등급의 차이와 밝기의 비를 느껴 보자.

표 4-2 등급의 차이와 밝기 비

등급 차이	밝기 비	등급 차이	밝기 비	등급 차이	밝기 비
1	2.512	7	630.9	13	158,510
2	6.309	8	1,585.1	14	398,180
3	15.851	9	3,981.8	15	1,000,000
4	39.818	10	10,000	20	$100^4 = 10^8$
5	100	11	25,120	25	10^{10}
6	251.2	12	63,090	30	10^{12}

그림 4-8-1 밤하늘에서 볼 수 있는 별의 등급과 이에 따른 별의 개수

[질문 1] 태양이 떠 있을 때의 하늘은 밝기가 거의 -4등급 정도가 된다고 한다. 그렇다면 태양 이외의 다른 별을 볼 수 있을까?

해설 대부분 도시에서 맨눈으로 관측 가능한 별들의 한계등급은 3등급 정도이다. 왜냐하면 도심의 불빛이 너무 밝기 때문이다. 밤하늘에서 가장 밝은 별인 시리우스도 -1.6등급이다. 더구나 낮 동안 하늘은 대기 입자에 의한 태양빛의 산란으로 인해 약 -4등급의 밝기를 갖는다. [그림 4-8-1]을 보니 -4등급보다 밝은 별은 없다. 따라서 낮 동안에는 태양 이외의 별들을 볼 수 없다.

[질문 2] 달은 낮에 볼 수 있을까?

해설 [그림 4-8-1]을 보니 달은 -12.5등급 정도이기에 낮에도 볼 수 있다.

[질문 3] 대기가 없는 수성이나 달에 가면 태양이 있는 낮에 별을 볼 수 있을까?

해설 수성이나 달은 대기가 없기에 태양 빛이 산란되지 않는다. 따라서 하늘은 깜깜하고 태양과 별들을 모두 볼 수 있을 것이다.

[질문 4] [그림 4-8-1]에 의하면 밤하늘에서 5,000개 정도의 별을 볼 수 있다고 한다. 만약 모든 별들이 태양과 같은 별들이라고 가정해 보면, 지구의 관측자들은 얼마나 먼 곳까지 볼 수 있을까?

해설 태양과 같은 별은 10pc에 위치해 있을 때, 5등급 정도로 보인다. 1pc는 3.26광년에 해당한다. 그런데 맨눈의 한계는 6등급이기에 태양과 같은 별들이 조금 더 멀리 있어도 지구의 관측자에게는 보일 것이다. 이 거리 d는

$$d = 10\,pc \times 10^{(m-M)/5} = 15.85\ pc$$

이 된다. 따라서 $15.85\,pc = 51.67$ 광년 거리 내에 있는 별을 우리는 밤하늘에서 볼 수 있다.

[질문 5] [질문 4]의 결과를 이용하여 별들이 공간상에 어떻게 분포하고 있는지 알아보자.

해설 15.85pc 거리의 공간 안에 태양과 같은 별들이 5,000개 정도 존재한다고 가정해 보자. 우리가 별을 볼 수 있는 공간의 부피는 반경이 15.85pc인 구의 부피와 거의 같을 것이다. 따라서 이 부피는 $\frac{4\pi}{3}d^3 = 16,675.87\,pc^3$이 된다. 이 부피 안에 5,000개의 별들이 있기에 대략 $\frac{5,000}{16,675.87} = 0.3\,/pc^3$ 가 된다. 즉, $1pc^3$의 공간 안에 0.3개의 별이 존재한다.

[질문 6] [질문 5]의 결과를 이용하여 별과 별 사이가 얼마나 떨어져 있는지 느껴보자.

해설 $1pc^3$의 공간 안에 0.3개의 별이 존재한다면 별과 별 사이의 거리는 대략 $(0.3\,/pc^3)^{-\frac{1}{3}} = 1.5\,pc$가 된다. $1\,\mathrm{pc} = 3.086 \times 10^{13}\,\mathrm{km}$ 이기에 이 거리는 $4.611 \times 10^{13}\,\mathrm{km}$ 에 해당한다. 태양의 반경이 $7 \times 10^5\,\mathrm{km}$ 정도이다. 만약 태양과 같은 별을 반경이 1cm 정도 되는 백 원짜리 동전과 같다고 한다면 두 별이 떨어져 있는 거리는 마치 백 원짜리 동전 둘이 $\frac{4.611 \times 10^{13}}{7 \times 10^5} \times 1\,\mathrm{cm} = 6.587 \times 10^7\,\mathrm{cm} = 658.7\,\mathrm{km}$ 떨어져 있는 것과 같다. 즉, 백 원짜리 동전 하나가 서울에 있다면 다른 백 원짜리 동전이 제주도보다 멀리 있는 것과 같다. 우주 공간에서 별들이 어떻게 분포하고 있는지 느껴지는가?

4.9. 태양의 흑점 관측으로 태양의 자전주기 구하기

낮에도 볼 수 있는 별인 태양은 밤하늘에 빛나는 그 어떤 별도 보여줄 수 없는 자세한 겉모습을 보여준다. 뿐만 아니라 태양은 역동적인 활동과 지속적인 변화를 보여주는 별이다. 그러한 태양의 활동성을 우리의 눈으로 확인할 수 있도록 하는 여러 현상 중의 하나는 바로 태양 표면의 흑점이다. 흑점은 태양 내부에서 표면으로 뚫고 나온 일종의 강한 자기력 덩어리 또는 다발이다. 그 자기장의 세기는 지구 자기장의 1만 배 정도나 된다. 흑점의 크기는 보통 지구 정도의 크기인데, 때때로 지구 크기의 20배가 넘는 거대한 것이 생기기도 한다.

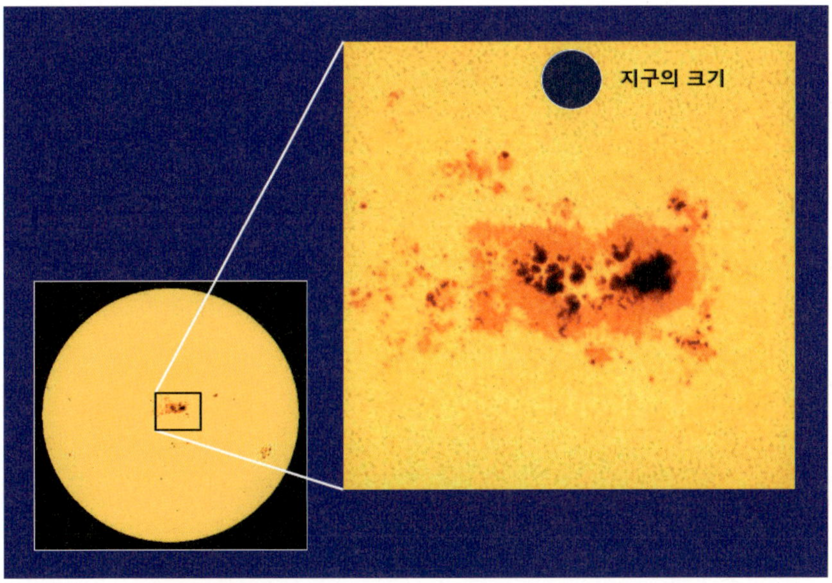

그림 4-9-1 지구의 크기와 태양 흑점의 크기 비교

출처: https://sohowww.nascom.nasa.gov/

흑점의 수명은 작은 것은 하루 정도로 짧고, 큰 것은 몇 개월씩 지속되기도 한다. 이 강력한 자기장 지역의 온도는 다른 표면의 온도인 섭씨 6,000도보다 낮은 4,000도 정도여서 상대적으로 어둡게 보이기에 '흑점'이란 이름을 얻었다. 강한 자기장으로 인해 태양의 내부로부터 뜨거운 플라스마가 상승하는 것이 막히게 되어 그 부근의 표면 온도가 낮다. 기체로 이루어진 태양은 위도별로 자전 속도가 다른 차등 자전을 하기 때문에 자기력선이 복잡한 도넛(toroidal) 형태로 꼬이게 되고 부력에 의하여 자기력선이 Ω형태로 표면 밖으로 튀어나오면서 흑점이 생기게 된다고 한다.

망원경을 이용해 위도가 다른 여러 개의 흑점을 지속적으로 관찰해 보면, 흑점의 이동 모습을 통해 태양은 자전을 하는데 자전주기가 위도에 따라 다름을 알 수 있다. 이를 통해 태양의 구성 물질이 기체 상태라는 사실도 짐작할 수 있다.

태양의 흑점과 관련된 활동을 통하여 다음과 같은 질문에 대하여 답해 보려 한다.

1. 태양의 흑점은 어떻게 움직이는가?
2. 흑점의 움직임은 태양의 자전 때문인가?
3. 태양이 자전한다면 자전주기는 얼마나 되나?

이와 같은 질문에 대해 탐구하고자 먼저 SOHO에서 제공하는 흑점 관측 자료를 활용하는 방법과 관측 도구를 사용하여 직접 흑점 자료를 얻는 방법을 살펴보기로 하겠다.

그림 4-9-2 1613년 6월 23일 갈릴레오가 그린 것으로, 흑점의 위치와 크기를 보여준다.

출처: The Galileo Project/M. Kornmesser,
https://phys.org/news/2015-08-sunspot-history-climate-due-natural.html#jCp

흑점의 존재는 고대에도 알려졌으나 처음으로 정밀 관측을 시작한 사람은 갈릴레오라고 할 수 있다. 그는 1608년 유럽에서 처음 발명된 것으로 알려진 망원경을 개선하여 최초로 천문 관측에 사용하였는데, 1613년 초 그가 남긴 태양 표면의 '검은 얼룩'에 관한 자세한 관측 기록을 볼 수 있다([그림 4-9-2]). 이것은 갈릴레오가 자신이 고안한 망원경을 통해 종이 위에 투영된 태양의 모습을 관찰하고서 남긴 것으로서, 근대 과학의 위대한 유물로 남아 있다. 그런데 그 당시 갈릴레오를 비롯한 많은 사람들이 갖게 된 궁금증은 바로 흑점이 태양 표면에 존재하는 것인가에 대한 문제였다. 태양 표면에 존재하는 검은 얼룩들은 중세 사람들이 갖고 있던 무결점의 완벽한 하늘에 대한 믿음에 대한 도전일 수 있었으므로, 독일의 천문학자 크리스토프 샤이너(Christoph Scheiner)를 비롯한 많은 사람들이 흑점은 태양 원반의 앞쪽을 우연히 지나가는 발견되지 않은 작은 행성일 뿐이라고 주장했다고 한다.

그런데 갈릴레오는 여러 차례 태양을 관측하고서 그 표면에는 검은 얼룩이 존재한다고 결론 내렸다고 한다. 과연 갈릴레오가 그렇게 생각한 이유는 무엇이었을까? 이와 같은 궁금증을 해소하기 위해 흑점 관측 결과를 가지고 흑점이 어디에 존재하는가에 대한 답을 찾아보도록 하자.

■ 자료 수집 1: SOHO 태양 관측 자료를 활용한 흑점 추적

태양 흑점을 직접 관측하기 어려울 때에는 https://sohowww.nascom.nasa.gov/sunspots/에서 제공하는 이미지를 2주 정도 매일 다운로드하여 사용하거나 아래 예시 자료를 활용해도 좋을 것이다.

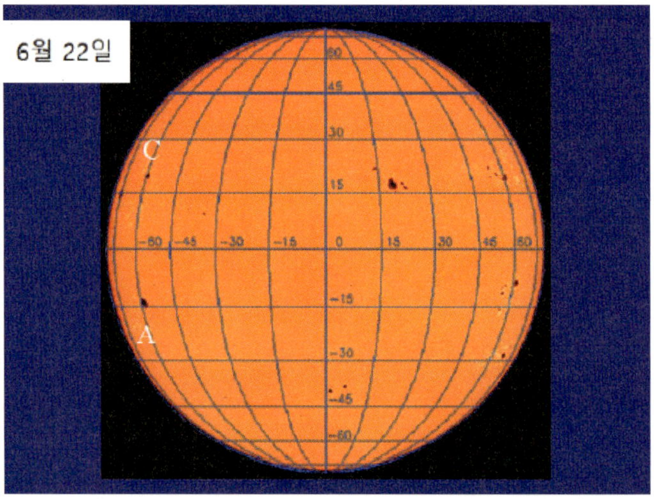

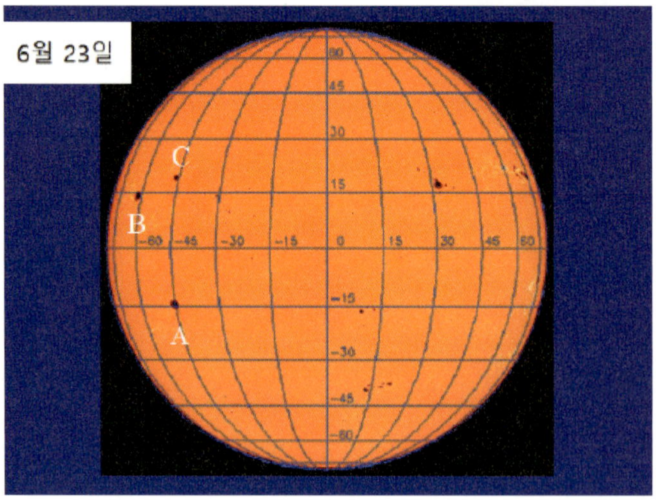

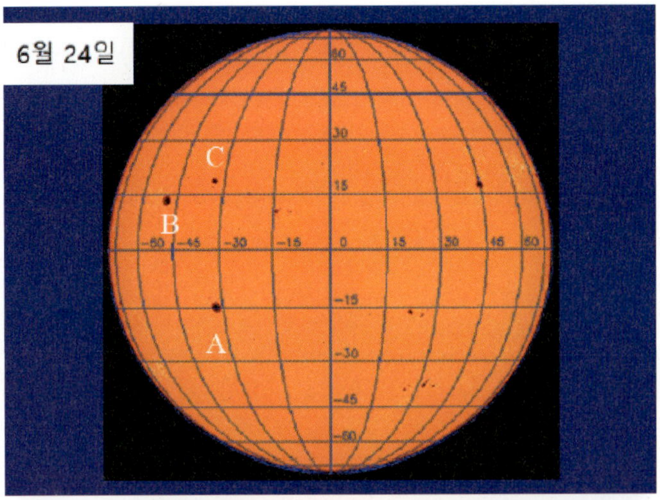
6월 24일
C
B
A

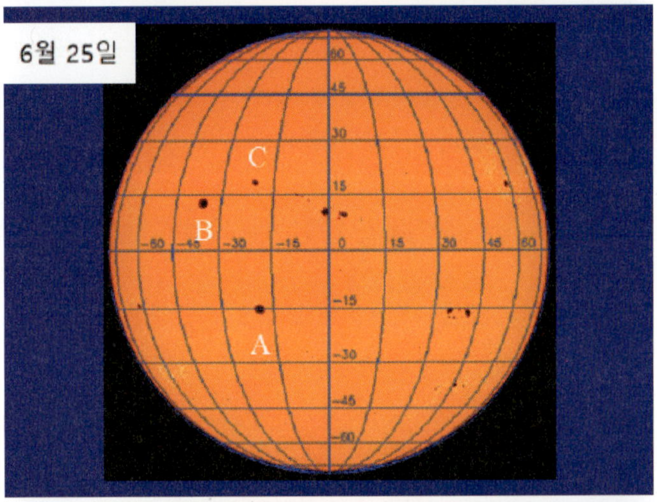
6월 25일
C
B
A

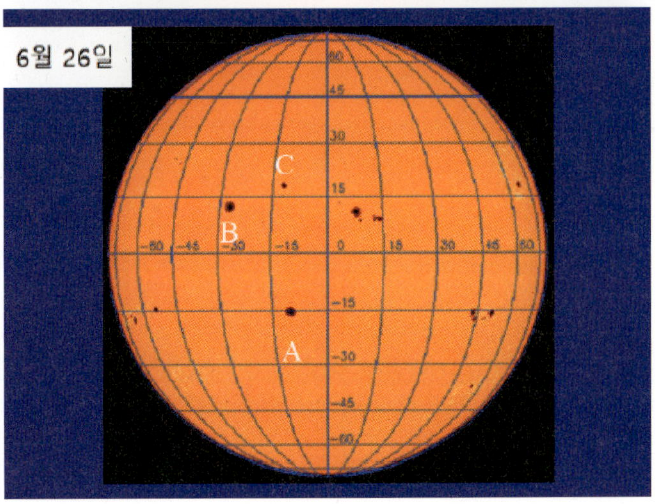
6월 26일
C
B
A

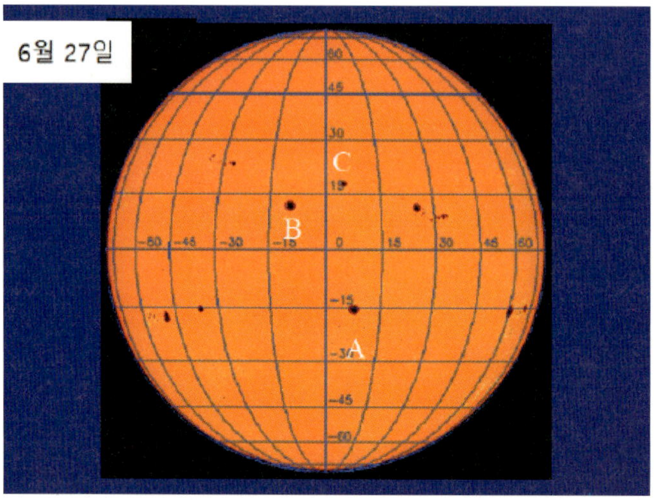
6월 27일
C
B
A

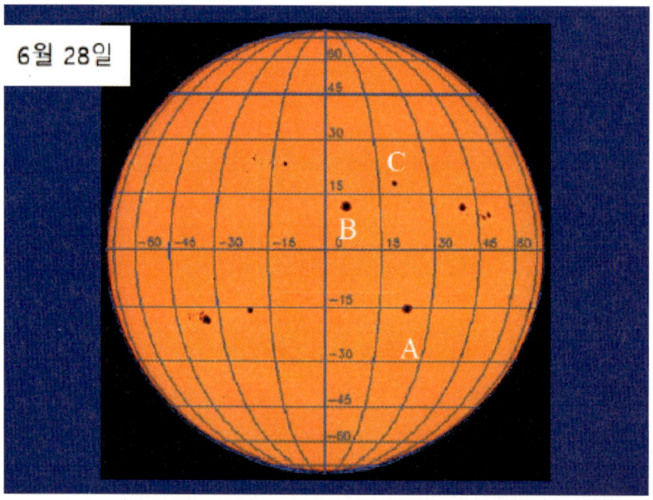
6월 28일
C
B
A

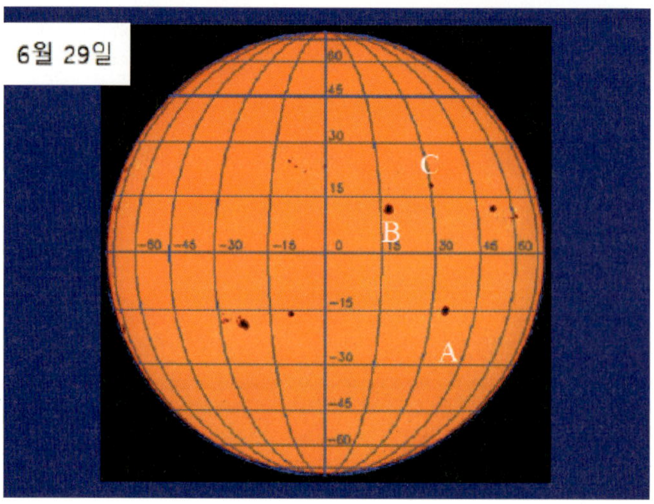
6월 29일
C
B
A

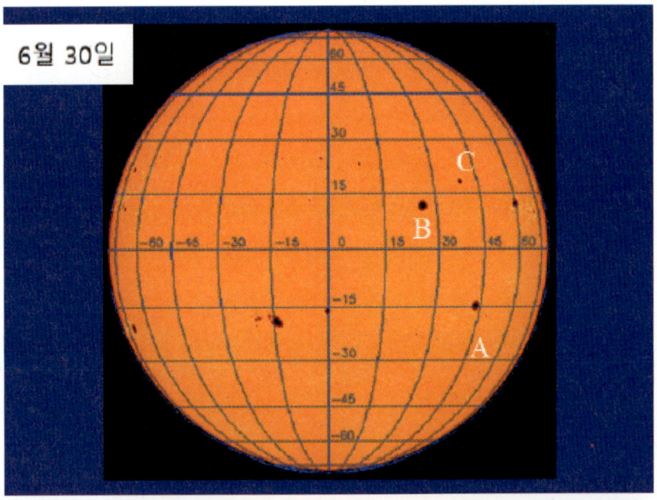
6월 30일
C
B
A

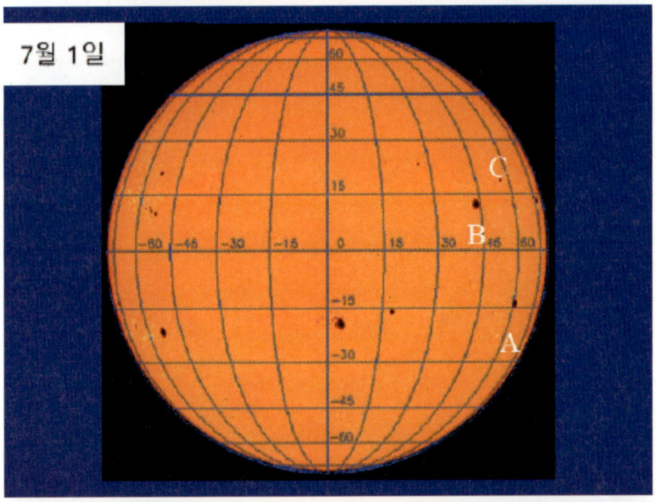
7월 1일
C
B
A

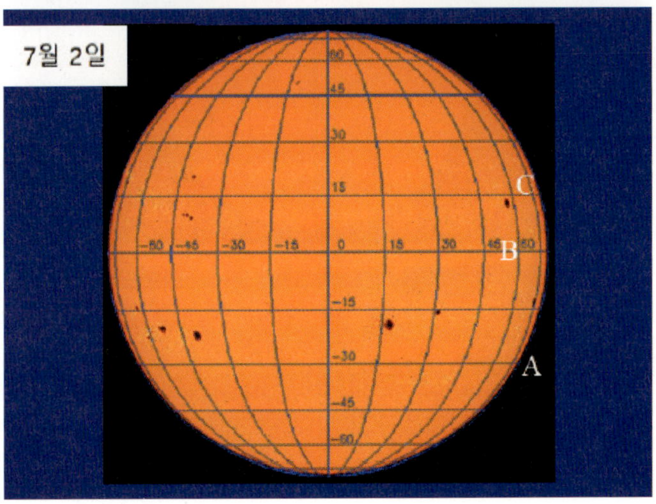
7월 2일
C
B
A

격자 지도(Mapping grid)

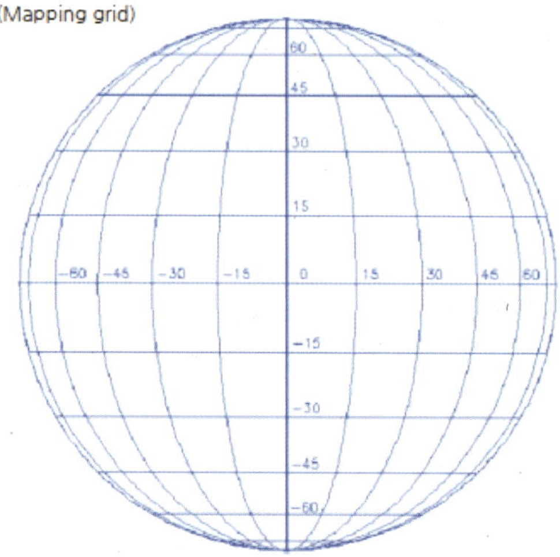

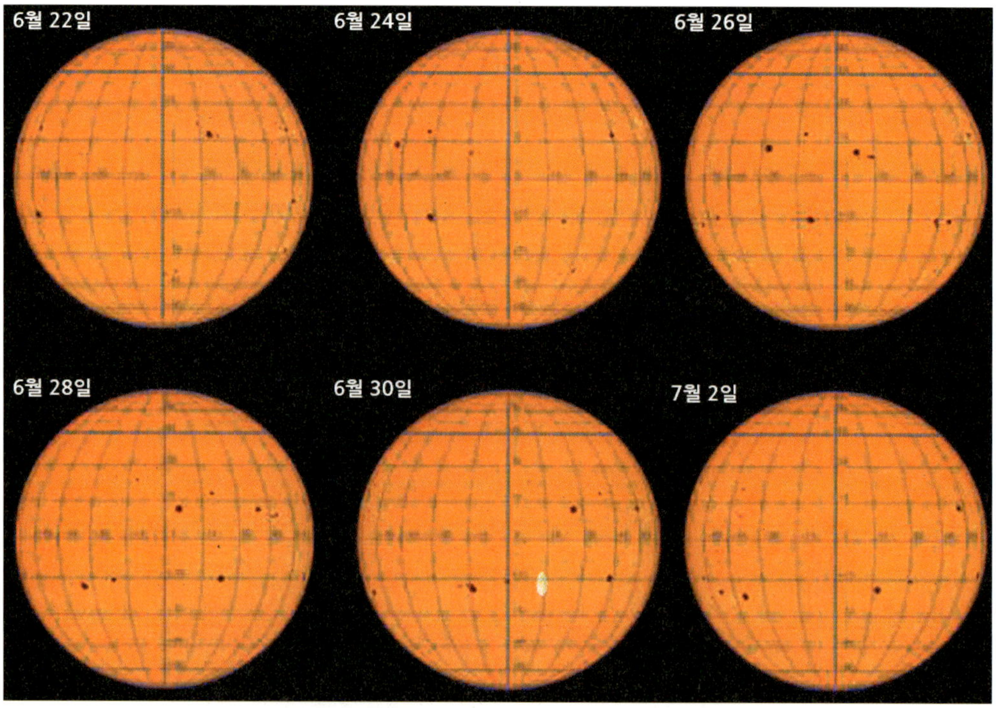

그림 4-9-3 SOHO 태양 관측 데이터

출처: https://sohowww.nascom.nasa.gov/classroom/docs/Spotexerweb.pdf

■ 결과 예시

위의 자료를 이용하여 흑점군 C의 위치 변화를 격자 지도(mapping grid) 위에 표시하면 다음과 같은 그림을 얻게 된다. 위도의 값은 같고 경도의 값은 날마다 다르다. 그러기에 대략의 경도의 값을 표와 같이 정리한다. 흑점군 A와 B에 대한 대략의 경도 값도 표에 기록되어 있다.

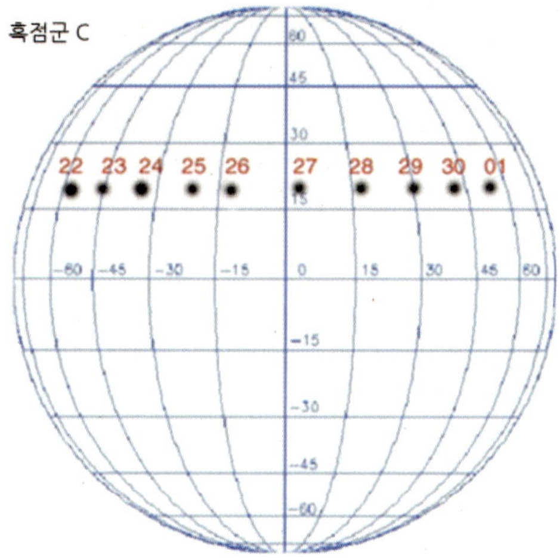

일시	대략의 경도		
	흑점군 A	흑점군 B	흑점군 C
6월 22일	-60	--	-60
6월 23일	-45	-58	-45
6월 24일	-30	-30	-33
6월 25일	-18	-23	-20
6월 26일	-12	-12	-13
6월 27일	8	-7	4
6월 28일	23	5	17
6월 29일	33	17	30
6월 30일	43	23	38
7월 1일	55	42	53
7월 2일	65	56	--
7월 3일	--	70	--

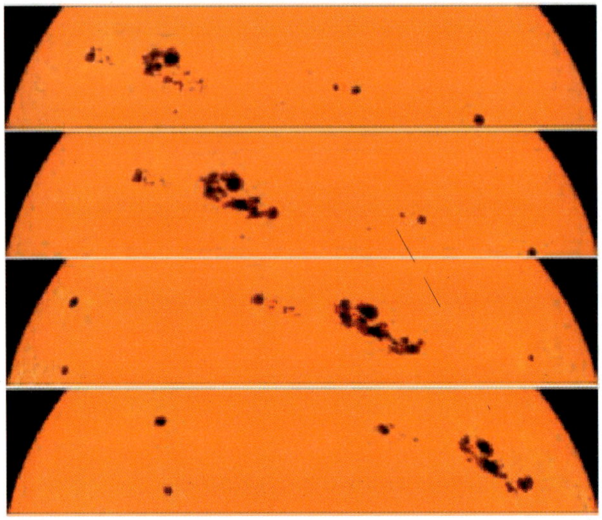

그림 4-9-4 지구의 관측자가 보면 태양의 흑점은 동쪽에서 서쪽으로 이동하는 것처럼 보이는데, 이는 태양이 반시계 방향(서→동)으로 자전하기 때문이다. 흑점의 위치는 태양 표면, 즉 광구에 고정되어 있으므로 흑점이 이동한다는 사실은 태양의 자전을 의미한다.

출처: http://study.zum.com/

만약 SOHO 태양 흑점 자료에 보이는 검은 얼룩들이 태양 앞을 지나가는 행성이라면, 태양 중앙을 지날 때나 가장자리를 지날 때 똑같이 보일 수도 있다.

- 태양 흑점이 태양의 중앙을 지날 때와 가장자리를 지날 때 똑같아 보이는가? 똑같아 보이지 않는다면 그 이유에 대하여 생각해 보자.

태양 흑점의 하루 평균 이동 각속도를 알아보기 위해 A, B, C 각 흑점군의 '경도 변화량/일'을 계산해 보자. 흑점군 C의 예를 들자면, 6월 22일부터 7월 1일까지 9일 동안 약 113도 이동하였으므로 약 113도를 9일로 나누면 약 12.6도/일이라는 이동 각속도를 얻을 수 있다.

- 각 흑점군의 이동 방향은 어떠한가? 같은 방향으로 움직이는가?
- 각 흑점군의 평균 각속도를 비교해 보자. 각 흑점군의 각속도는 동일한가?
- 각 흑점의 크기와 모양이 변하는 것으로 보이는가?

태양 흑점은 하루 약 13도 정도 같은 방향으로 회전하는 것으로 보인다. 따라서 태양이 360도 회전하는 데 걸리는 기간을 계산할 준비가 된 셈이다. 하지만 잊지 말아야 할 것이 있다. 그것은 지구가 태양 둘레를 하루 약 1도씩 같은 방향으로 돌고 있다는 사실이다. 따라서 우리는 태양이 하루에 약 14도 회전하는 것으로 계산해야 한다. 지구는 태양이 회전하는 방향과 같은 방향으로 움직이기 때문에, 실제 태양이 회전하는 것보다 더 느리게 도는 것으로 보인다.

- SOHO 태양 흑점 자료의 A, B, C 세 흑점군이 거의 위도 15도 부근에 위치해 있기에 움직이는 평균 각속도를 가지고 계산한 태양이 한 바퀴 도는 데 걸리는 기간은 26일 정도이다. 그런데 태양의 극 부분의 경우에는 약 35일이 걸린다고 한다. 그 이유는 무엇인지 생각해 보자.

위의 자료 대신에 우리가 망원경을 이용하여 직접 태양의 흑점을 관찰하여 흑점의 위치 변화 자료를 얻어 보자.

■ 자료 수집 2: 태양 흑점 관측하기

안전한 관측 장비의 도움을 받는다면 비교적 작은 망원경으로도 태양의 표면 모습과 흑점의 변화 등을 충분히 관측할 수 있다. 그런데 태양을 관측하기 위해서는 야간에 관측하는 일반적인 천체의 관측 방법과는 달리 아주 세심한 준비를 해야 한다. 잘못된 방법으로 태양을 관측하면 관측 장비에 대한 손실은 물론, 특히 눈에 커다란 치명상을 입을 수 있다. 그러기에 태양을 관측할 때에 맨눈으로 직접 보거나 망원경을 통해 보거나 태양을 바로 보는 것은 절대로 해서는 안 된다. 태양을 관측하는 가장 안전한 방법으로는 태양 필터를 이용하거나 태양의 이미지를 투영판에 투영하여 간접적으로 관측하기를 권한다. 태양 관측에 이용되는 필터들은 가시광선뿐만 아니라 근적외선까지 차단시켜준다.

※ 관측 시 주의사항

일식 관측 때에 흔히 사용하는 안전해 보이는 도구들(CD, 플로피디스크, 사진 필름 등)이라도 태양 관측 시에는 절대 사용하지 않는 것이 바람직하다. 또한, 관측하는 중에 파인더의 존재를 깜빡하는 경우가 많은데 파인더도 태양을 관측하게 되면 굉장히 위험하기 때문에 관측 중엔 반드시 캡을 씌우거나 제거한 상태로 관측하는 것이 좋다. 마지막으로, 망원경을 분해할 때에도 경통을 태양을 향하지 않는 방향으로 둔 후에 하는 것이 좋다.

Tip **우리는 태양을 맨눈으로 직접 보는 일은 위험천만하다는 사실은 잘 알고 있다.**

1m 떨어진 곳에 있는 100W 전등을 보는 것에 비해 얼마나 더 많은 빛을 태양은 쏟아내고 있는가? 지구와 태양까지 거리는 1.5×10^8km로서 m단위로는 1.5×10^{11}m이다. 그런데 빛의 밝기는 거리의 제곱에 반비례하여 어두워지기에 밝기는 2.25×10^{22} 만큼 줄어든다. 그런데 태양은 100W 전등보다 4×10^{24} 배나 더 밝다. 거리도 매우 멀지만, 훨씬 더 밝기 때문에, 밝기 요인이 약 178배나 더 큰 영향력을 행사하게 된다. 그러므로 태양을 맨눈으로 보겠다는 것은 1미터 앞에다가 전등 178개를 놓고 맨눈으로 본다는 것과 같아 눈이 성할 리가 없다.

(1) 태양 필터를 이용한 관측

태양 필터를 씌워준 모습

태양 필터는 망원경의 대물렌즈에 씌워서 이용하며 그 종류가 다양하다.

① 백색광 필터
태양광의 약 0.1%만 투과하는 역할을 한다. 흑점을 가장 잘 볼 수 있다.

백색광 필터의 종류	
필름형 필터	유리형 필터
	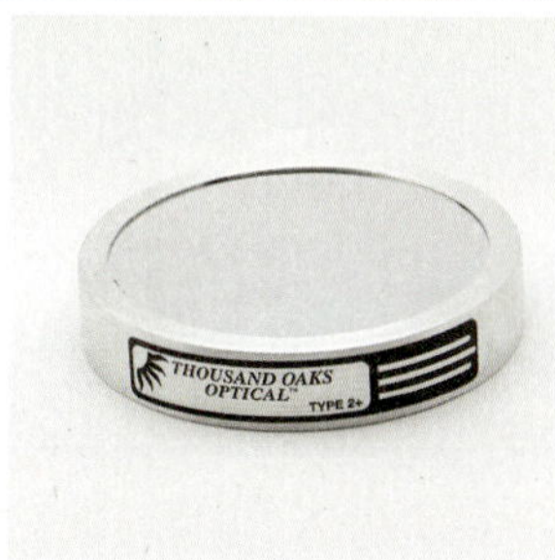
가격이 가장 저렴하다. 두께가 매우 얇아서 손상되기 쉬운 단점을 가지고 있다. 필름을 구입한 후 크기에 맞게 잘라서 셀에 붙인 후 대물렌즈 앞에 부착해서 사용한다.	거울과 비슷하게 생겼지만 니켈과 크롬으로 도금되어 있다. 대물렌즈에 부착하며 태양이 오렌지색으로 보인다.

② H_α 필터: 태양빛의 특정 파장을 관측하기 위한 필터이다.

홍염을 관측할 수 있으며 흑점과 쌀알무늬도 관측이 가능하다.

(2) 바늘구멍 사진기의 원리를 통한 관측

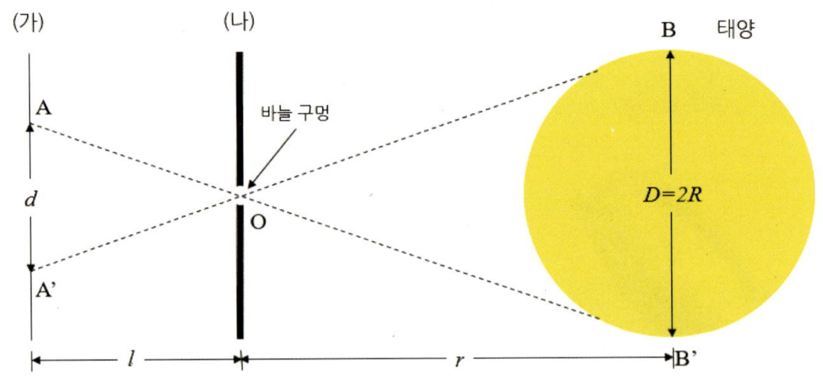

종이 2장으로 바늘구멍 사진기의 원리를 이용하여 태양을 관측할 수 있다.
앞쪽 종이의 바늘구멍을 통과한 태양의 상은 뒤쪽 종이에 맺히게 된다.

(3) 투영판을 이용한 관측

투영판을 이용하여 관측하는 모습

태양 투영판을 망원경에 연결하여 관측하는 방법으로 흰 투영판 위에 태양의 이미지가 선명해질 때까지 초점을 조절한 후 관측한다. 이때 망원경과 투영판 사이는 매우 뜨거울 수 있으니 주의하며 관측한다.

위에 열거한 관측 방법 중 한 가지 방법을 이용하여 태양을 관측한 결과를 아래의 **관측 기록지, 위도 · 경도 기록지, 이동 속도 기록지**에 기록하여 태양 흑점 관측 자료를 수집한다.[2] 이렇게 수집된 자료를 이용하여 위에서 연습한 흑점과 관련된 질문에 대한 답을 찾아보자.

2) 2018년에는 흑점 극소기가 되어 흑점이 있는 태양 관측 사진을 제공하기 어려웠다.

관측 기록지

이름 ____________________ 일시 ____________________

측점 이름	위도	경도	특이 사항

위도 · 경도 기록지

이름 ______________ 일시 ______________

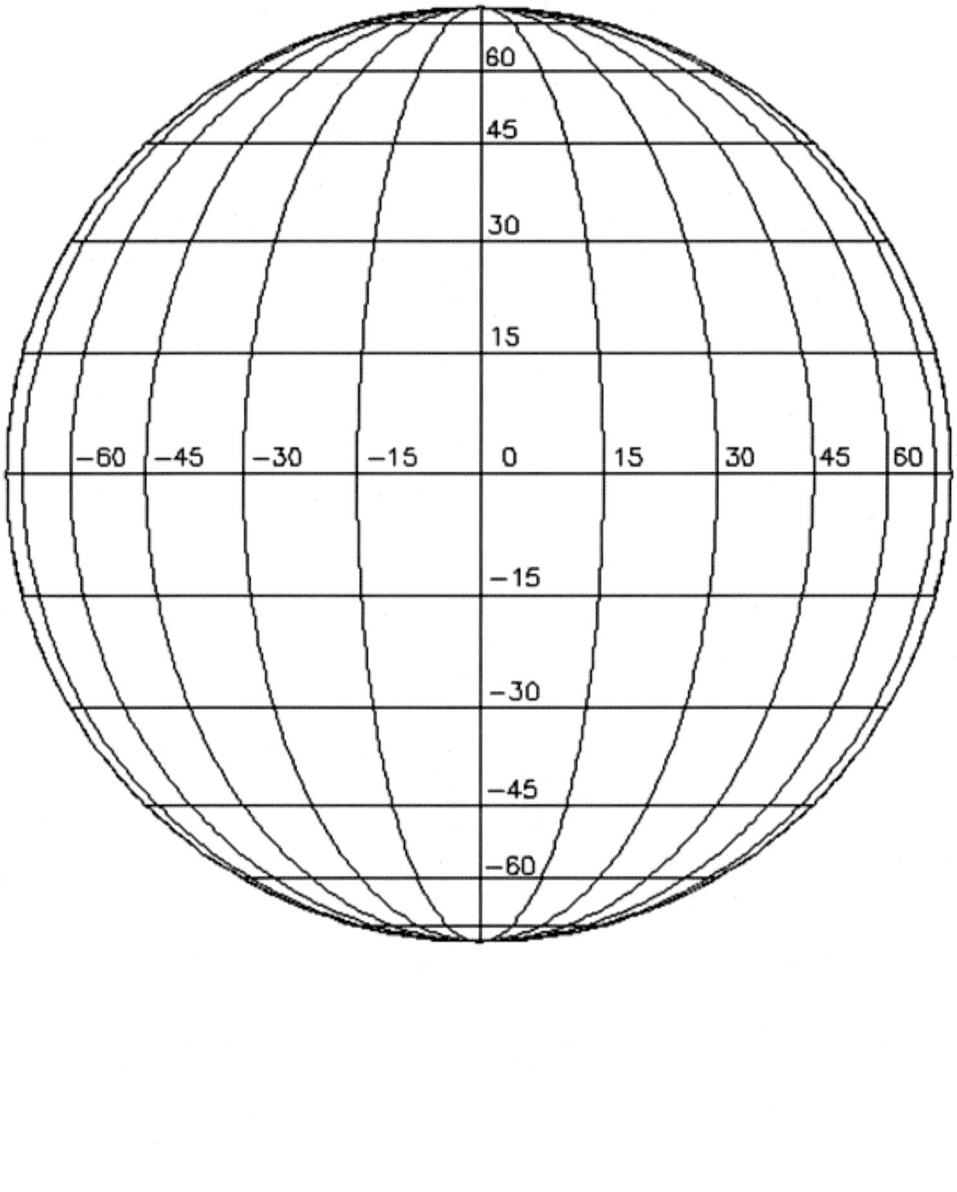

이동 속도 기록지

이름 ______________ 일시 ______________

흑점 이름	관측일 #	날짜	위도	경도	경도 차이
	1				
	2				
	3				
	4				
	5				
	6				
	7				
	8				
	9				
	10				
	11				
	12				
	13				
	14				
	15				
	16				
	17				
	18				
	19				
	20				
		평균 위도:		평균 경도차/일:	

태양 이미지를 관찰하면 무엇을 더 알 수 있을까?

태양 원반의 중심부는 가장자리보다 더욱 밝게 보이는데, 이러한 현상을 **주연감광**(limb-darkening)이라고 한다. 아래 사진은 투영법으로 촬영한 태양 이미지인데, 이미지 중심부보다 가장자리가 더 어두운 주연감광 현상을 볼 수 있다. 아래 두 번째 그림과 같이 우리가 태양의 중심을 바라볼 때에는 광학적 깊이[3]가 1인 영역인, 태양 광구 내부의 더 깊은, 온도가 높은 부분을 똑바로 보고, 태양 원반의 가장자리를 볼 때는 태양의 중심부를 바라볼 때보다 비스듬히 바라보는 것이므로 광학적 깊이가 1인 영역이 태양의 광구의 상층부에 해당하는, 보다 온도가 낮은 부분을 보게 된다. 온도가 높을수록 플럭스가 크기 때문에, 태양 이미지 원반의 중심부는 가장자리보다 더 밝게 보인다.

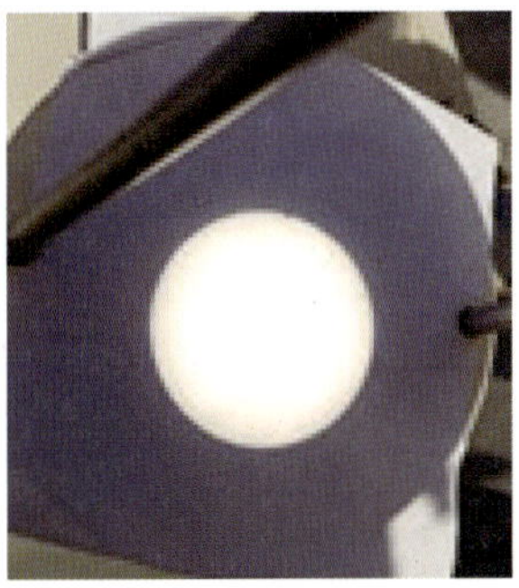

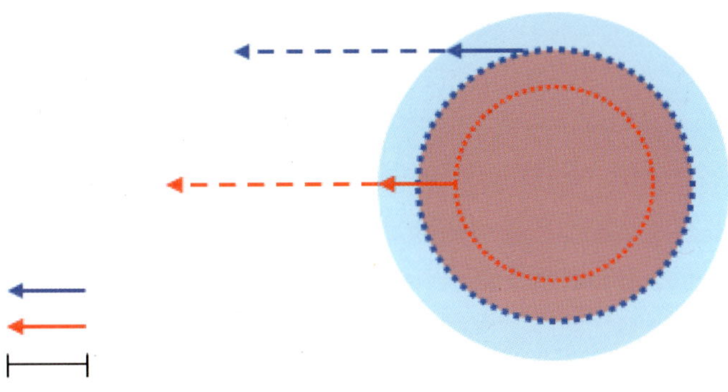

3) 빛이 물질이 있는 부분을 지날 때에 감광되는 정도를 $F=F_0e^{-\tau}$로 나타낸다. 여기서 τ가 광학적 깊이이다. 일반적으로 우리가 볼 수 있는 곳을 광학적 깊이가 1인 영역이라 정의한다.

찾아보기

공저자 소개

최 승 언 현: 서울대학교 지구과학교육과 교수(1985~현재)
전: 서울대학교 관악영재교육원 원장(2008~2016)
서울대학교 과학영재교육원 원장(2001~2006)
한국지구과학회 회장(2011)
홈페이지
개인: http://suchoe.snu.ac.kr
연구실: APHESE(새지평 과학교육연구 공동체) http://www.aphese.kr

권지연 서울대학교 과학교육과 (지구과학전공) 석사 졸업, 용신중학교 교사
하윤희 서울대학교 과학교육과 (지구과학전공) 박사 과정, 함현고등학교 교사
곽제연 서울대학교 과학교육과 (지구과학전공) 석사 졸업
김종욱 서울대학교 과학교육과 (지구과학전공) 박사 수료, 서울화양초등학교 교사
김용진 서울대학교 과학교육과 (지구과학전공) 석사 과정
윤병일 서울대학교 과학교육과 (지구과학전공) 석사 졸업, 서울과학고등학교 교사
조은진 서울대학교 과학교육과 (지구과학전공) 박사 수료, 서초고등학교 교사
최윤성 서울대학교 과학교육과 (지구과학전공) 박사 수료
가석현 서울대학교 과학교육과 (지구과학전공) 박사 과정

참탐구를 위한 천체 관측 활동
(초 · 중 · 고등학교 과학교육과정을 중심으로)

2018년 9월 5일 1판 1쇄 인쇄
2018년 9월 10일 1판 1쇄 발행

공저자 : 최승언, 권지연, 하윤희, 곽제연
김종욱, 김용진, 윤병일, 조은진
최윤성, 가석현
발행자 : 한 정 주
발행처 : 교 육 과 학 사

공저자와 협의하에 인지생략

경기도 파주시 광인사길 71
전화 (031) 955-6956~8 / 팩스 (031) 955-6037
Home-page : www.kyoyookbook.co.kr
E-mail : kyoyook@chol.com
등록 : 1970년 5월 18일 제2-73호

잘못된 책은 바꾸어 드립니다.
Printed in Korea.

정가 17,000 원
ISBN 978-89-254-1316-7